U0293829

独立，从财富开始

水湄物语的理财20课

水湄物语 —— 著

浙江大学出版社
ZHEJIANG UNIVERSITY PRESS

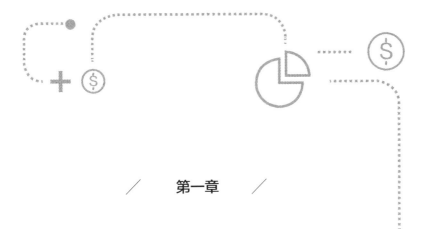

第一章

我真的没有钱，该怎么开始？

—— 3 个财富咒语，没钱也能变富

背景

每次我说起理财，被问最典型的一个问题就是："我真的没有钱，该怎么开始呢？"

好吧，这个问题还真是蛮难回答的，但作为经验丰富、"战斗值"超强、被问过多次类似问题的我，还是可以回答一下的。

先放下简单的答案不说，我们先来谈谈什么是理财。

· 回答一：理财，就是大钱生小钱、钱生钱的过程呗！

这个回答完全没问题。虽然有些套路，避而不谈钱怎么生出小钱来，但逻辑没有问题。

不过，这个答案只回答了一个过程。

· 回答二：理财，就是买保险、基金、股票、黄金！

这个回答也没有问题。它比前面还更进步了一些，至少说到了保险、基金、股票、黄金这些投资的术语。

· 回答三：理财，就是赚、赚、赚啊！

很好！简单、明确，符合我的风格。

这个答案也完全没有问题，它回答的是理财的结果。天下应该没有人是想理财但不想赚钱的吧？

上面的答案都没错，但还是先回到我们最初的问题，那就是——没有钱理财啊！

没有钱，就不存在大钱，也自然无法生出小钱；

没有钱，当然也无法买基金，买股票，买保险，买黄金；

没有钱，更不用谈赚、赚、赚了。空手套白狼的本事，我可没有。

理财是一种思维方式

那么，当"没有钱"这个前提成立的时候，我们谈理财究竟在谈些什么呢？

我给一个答案：理财，实际上是一种思维方式。

什么，这个答案你不服气？

没事，听我慢慢讲来。

我来举几个我接触过的真实案例：

人物1：25岁，女，四川人，在四川大学读完本科后到上海工作。

作为一名"吃货"属性的四川人，人物1最喜欢的就是吃美食。除了房租之外，她把所有的收入都投入寻找新开的、好吃的店。讲真，作为半个四川人，我能理解她的这种爱好。

她的改变是从知道"米其林餐厅"这个词开始的。

作为一个吃货，她的梦想就是吃几次米其林餐厅。但问题是：餐费贵啊！所以她开始攒钱了。

人物2：23岁，海员，长期在海上生活。

他的爱好是学习，他买了很多书和课程，很认真地提高自己的知识水平，打算转业之后好好找份喜欢的工作。

他的改变，是从妈妈生病开始的。

他妈妈生了重病，需要一大笔钱，他突然感受到了没钱的痛苦。家里东拼西凑结了医药费，还背了不少债务。他跟我说：从那件事之后，就知道了钱的重要性。作为一个男人，要成为家里的顶梁柱。

人物 3：31 岁，二宝妈，全职在家照顾两个宝贝。

她的改变是在孩子出生之后。当知道孩子的奶粉、尿布、玩具都那么贵，她就成了精打细算、满脑子想赚钱的全能妈妈。

讲真，对这个我感受很深。以前我是一个不太花钱的人，自从生了三个宝宝，支付宝每个月的开支都很可怕。其实，每个人在生活中都要接触"钱"这个字，但大部分人只是盲目地、被动地被钱计算着：拿到工资，应付开支，从来没有想过主动去控制钱，让钱为自己生钱。

思维的改变，实际上才是理财的第一步。

回到主题，我们还是没有钱，就算有了理财的意识，难道就能改变我们的人生不成？

还真没错。

在这一节，我要告诉你三个财富魔咒。了解了这三个魔咒，即便你现在没有钱，通过思维的改变，也能改变你的人生。

魔咒一：投入产出比

投入产出比是什么？

还等什么，让我们大声念出第一个咒语，那就是"投入产出比"！

这是什么？为什么比哈利·波特的咒语还要难理解？

咒语嘛，都很难理解。

要是我告诉你，懂得这个咒语，可以加薪升职，你是不是会比较有兴趣？

来，再跟我一起大声念一遍：投入产出比！

此刻，我相信很多不明白的小伙伴也许会迫不及待地去搜百度，不要着急，我也帮你搜了。

百度词条的回答是：投入产出比，是指项目全部投资与运行寿命期内产出的工业增加值总和之比。它是科技项目、技术改造项目和设备更新项目经济效果评价的指标。其值越小，表明经济效果越好。

什么？

讲真心话，我也没看懂。

其实吧，简单来说，就是投入资源，产出一些效果，效果除以资源就叫投入产出比（从数学的角度，应该叫产出投入比更恰当啦）。

大部分情况下，投入产出比越高越好。这也就意味着，在产出固定的情况下，投入越小越好；在投入固定的情况下，产出越大越好。

什么？还是不明白？

我来举个例子。

你投入 100 元买了一只股票，最后赚了 10 元。你的投入产出比就是：

（100+10）÷100×100%=110%

你投入 100 元，买了另一只股票，最后赚了 50 元。那么，你的投入产出比就是：

（100+50）÷100×100%=150%

如果你亏了呢？你投入 100 元，买了第三只股票，最后亏了 50 元。那么，你的投入产出比就是：

（100-50）÷100×100%=50%。

这样明白了吧，同样是 100 元，投入产出比越高，证明你赚得越多，也就意味着这 100 元越有效率。

投入产出比在职场上的运用

能用这句魔咒升职加薪吗？

没错！

我且问你，你知道你的工作投入的是什么，产出的又是什么？

答案其实很简单，投入的是时间，产出的是薪水。

那么，你知道你每小时的薪水是多少吗？

其实很多人是不知道的。

简单来说，如果你每个月收入是 5000 元，每天工作 8 小时，每月工作 22 天，那么你的时薪就是 28.4 元。

用理财魔咒来说，你投入的是 1 个小时，产出的是 28.4 元。

如果你经常加班，那就把加班时间也算上吧。

有人会问，知道这玩意儿有用吗？

很有用，非常有用！

升职加薪的本质是什么？就是你可以做价值越来越高的事。

换句大白话，比你职位高、薪水高的人，投入产出比要比你高，他们的每个小时比你的更值钱。

假设一个人月薪是 1 万元，那么他每个小时的价值就是 56.8 元，投入产出比是你的 2 倍。

那该怎么办？

很简单，去做投入产出比高的事。

假设你现在面临一个选择——

你要解决一下午饭问题，饭店的路很远，如果你自己走出去吃呢，可以吃到 20 元的盒饭，但需要花 1 个多小时。如果你叫外卖呢，只需要花 10 分钟，但是加上外送费用，价格是 50 元。

要不要出去吃呢？

通常情况下，这可能不大好算。但用"投入产出比"这个方法，你就很容易找出最优选择。

答案是：如果你现在是 5000 元的月薪、28.4 元的时薪，你的选择应该是出去吃。虽然出去吃多花 1 个小时，但你能够省下 30 元，比较划算。

而如果你以 1 万元的月薪标准要求自己的话，你就不应该出去吃。因为此时你每个小时的价值就变成了 56.8 元，省 30 元并不划算。

要想升职加薪，最简单的原则就是：坚持做投入产出比高的工作！

拿我自己举例，我在平台的咨询价格是 800 元 / 时，但实际上我接得很少，因为我目前每个小时的价值远超过 800 元。

那么我当初为什么要接呢？因为我要做用户调研，要了解用户的需求以及用户在理财方面的困惑和疑问。只有了解了这些，我才能在开公司的时候把这些需求内化为产品，继而批量解决用户的问题。

因此，作为一对一的咨询，800 元 / 时对我来说，算是投入产出比低的工作，不划算。但是作为用户调研，这就远不止 800 元 1 小时了。那么，这就是投入产出比高的工作。

魔咒二：风险与收益

一道题测试你对风险和收益的理解

在理财投资中，有一个非常常见的误区，就是很多人都只关注收益率，也就是"赚多少"。

"我买的那个理财产品，一年有 5% 的回报呢！"

"哎哟，你这个也就比放银行储蓄稍微强一点。我去年买黄金，赚了 18% 呢！"

"你们不知道啊，那个基金有个很牛的明星经理。他真的是业内大牛啊！

他的基金，每年回报都有 25% 呢！"

暂且不去论这些产品的好坏，光听这些话，你就明白，他们忽视了在理财投资中比收益率更重要的一点，那就是风险，或者更通俗地说，叫"亏损"。

且让我来出一个题目。请你在以下产品中，选择一个你觉得最合算的投资：

产品 1：保证未来 10 年，平均年化收益率 15%。

产品 2：保证未来 10 年，平均年化收益率 20%，但是投资的第 3 年出现了 30% 的亏损，不过仅仅只有这 1 年亏损，其余 9 年都赚钱。

产品 3：保证未来 10 年，平均收益率 30%，但在投资的第 2 年和第 5 年，分别出现了 30% 的亏损，但是也仅仅只有这 2 年亏损，其余 8 年都很赚钱。

现在，请你选择一个你认为最值得投资的产品。

我们来揭晓答案

这道题目我问过不少人，选第 2 种和第 3 种的占绝大多数。

没什么基础的人，算也不算，感觉只有 1 年或者 2 年的亏损，收益这么高，怎么也是补得回来的！

稍微有点概念的人，经过了基本的心算，就想，第 2 种产品每年都比第 1 种多赚 5%，9 年也就是 45%，那么仅仅 1 年 30% 的亏损，好像也值得啊！而第 3 种产品每年比第 1 种产品高了 15%，8 年就是 120% 啊！那 2 年的 30% 的亏损，又算什么呢？

然而事实是第 1 种产品如果原始投入 10000 元，到第 10 年的时候，将增值到 40456 元。

同样是原始投入 10000 元，第 2 种产品在第 10 年时总值是 36118 元。

同样是原始投入 10000 元，第 3 种产品在第 10 年时总值是 39971 元。

具体如下表所示。

三种不同理财产品比较

单位 / 元

产品	本金	第1年	第2年	第3年	第4年	第5年	第6年	第7年	第8年	第9年	第10年
产品 1（每年 15%）	10000	11500	13225	15209	17490	20114	23131	26600	30590	35179	40456
产品 2（每年 20%，第 3 年亏损 30%）	10000	12000	14400	10080	12096	14515	17418	20902	25082	30099	36118
产品 3（每年 30%，第 2、5 年亏损 30%）	10000	13000	9100	11830	15379	10765	13995	18193	23651	30747	39971

是不是有点出乎你的意料？！

亏损之所以可怕，是因为你要花更多的力气、更长的时间来弥补。

很多人可能不知道，美国有一家非常著名的基金公司，叫长期资本管理公司（Long-Term Capital Management），你可以在《赌金者》这本书中找到它的故事。这家公司厉害到什么程度呢？它有两位因期权定价理论而获得诺贝尔经济学奖的学者和一位前美国财政部副部长兼美联储副主席，以及大量的华尔街精英、数学博士。1994 年公司成立伊始就拥有 12.5 亿美元的资产，1994—1997年，他们的年投资回报率分别是 28.5%、42.8%、40.8% 和 17%，简直是举世无双！

好了，现在来到了这一节的问题。如果你见到了这么一个明星基金公司，你还获得了一个可以投资的机会，那么你会不会投资呢？

现在，我给出第 4 种产品，保证未来 10 年收益率每年都是 120%，但是！有 1 年是亏损的。产品 1、2、3、4，你会选择哪一个？

你是不是对产品 4 非常心动？我告诉你实情吧！ 1998 年，长期资本管理公司的基金亏损 99%，直接清盘。这就是我们推出的第 4 种产品，每年都保证收益 120%，可当中只要有 1 年（随便哪 1 年）亏损达到 99%，就直接清盘！

关于风险和收益的引申思考

曾经有个赌场老手告诉我：最容易沉迷赌博以致倾家荡产的人，往往不是一开始就输钱的人，而是一开始就赢钱，而且赢了不少钱的人。

为什么呢？一开始就输钱的话，你会怀疑自己的能力，你会怀疑赌博是不是真的能带来收益。而当你一开始就赢钱，你就会高估自己的能力，你会对风险视而不见、听而不闻，你会不断增加投入，直到你把最开始所有的盈利都赔个精光，还心有不甘。

这听上去是不是跟很多投资者类似呢？盲目地追求投资收益，对存在的风险看不见，喜欢听风、跟消息，而不愿意花一点点时间去收集资料，去计算风险和收益。

想想最初的那个例子，只要你会简单的加减乘除，只需要 5 分钟的时间，就很容易知道哪个产品更划算。但是，大部分的投资者，却连这 5 分钟也不愿意花，仅凭直觉来做出判断。

这怎么可能不栽跟头呢？！

投资有风险，入市须谨慎。你在很多场合看到过这句话，而真正重视风险的投资者才是笑到最后的赢家。

魔咒三：资产与负债

第三个魔咒是：资产与负债。

资产与负债是什么？有区别吗？

先举个例子吧！

小熊同学继承了一艘豪华游艇，出于对死者的尊重，他不好意思两三年内卖出这艘豪华游艇，也不舍得给他人使用。

那么，这艘豪华游艇算是资产还是负债呢？

大部分人会说，当然是资产，因为豪华游艇很值钱啊。

先让我们来分析一下。

首先，豪华游艇个头肯定很大，一般码头是停不下的，要停到专门停靠豪华游艇的码头，这种码头每天的租金高达几百美元。

其次，豪华游艇需要有人经常打扫和保养，专业人员的价格也很高昂。

最后，你还要学习驾驶这艘游艇，课程的费用也很不菲。

把这些钱七七八八加起来，再除以每年出海的次数，你会发现，这远远高于你租一艘豪华游艇的价格。所以说，这就是个赔钱货，除了能满足一下虚荣心之外，一无是处。

所以，负债就是让我们往外付钱的东西，比如自驾的汽车、自住的房屋等。

那什么是资产呢？就是除负债以外的，不但不会让我们往外付钱，还能给我们带来收益的东西。

资产又分为两类，投机资产和投资资产。

投资资产不需要我们劳动就能够为我们赚钱，比如出租的房产、分红的股票、银行的存款等。拥有投资资产，即使我们天天躺在家里也有收入。拥有投资资产，也是财富自由的一个基础。

投机资产不能为我们赚钱，也不需要我们付钱，比如黄金（放一百年也不能生出小黄金），或者是艺术品（如果找不到新买家，也不能为我们赚钱）。投机资产之所以被称为投机，就是因为这些资产本身不会产生现金，我们获利的手段，就是指望有人能够高价买入这些投机资产。

总结 & 行动

理财是一门实践性极强的学科。仅仅是看了书、听了课，完全不足以改变你的生活。

举个例子，很多人都看过《富爸爸穷爸爸》一书。这本书很简单，是入门级读本，但我至少看过 10 遍。为什么我会看这么多遍呢？

　　还记得我第一次看这本书是在高中的时候，当时它就给我开启了一个新的世界。之后我又看过多次，有了更深刻的体会。第一次创业的时候，我又看了两遍，得到了创业上的启发。最近一次看，是因为我开始做一些房地产方面的投资。

　　说了这么多，就是希望你看完这本书之后，能够真正学以致用。

　　毕竟，"知道"两个字是很容易的，"行动"两个字是很困难的。但是后者，往往才是改变的开始。

本章的行动计划是：

1. 试举几个你生活中的例子，来深入理解今天所讲的三个理财魔咒。
2. 问问自己，是什么时候开始意识到"自己想要理财"这件事的。

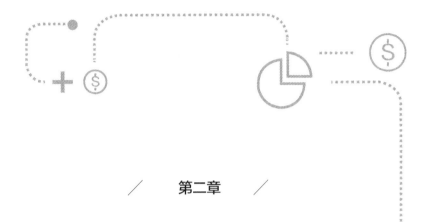

第二章

变成穷人的 18 种方法

——摆脱穷人思维，迈向财富自由

变成穷人的 18 种方法

我记得最早写这个题目的时候，还有人特地问我："水湄，你确定没有写错吗？为什么不是变成富人的 18 种方法呢？"

我说：我没写错。

巴菲特的老朋友芒格说过，如果知道我会死在哪里，那我将永远不去那个地方。

芒格说这句话传达的意思是，我们要有逆向思维。

如果避免掉进所有的坑，岂不就一路顺风啦！如果知道了那些变成穷人的方法，并且成功地避开，那岂不是就会成为一位有钱人啦？那当然是一定的。

· 变成穷人的第 1 种方法：从来不谈论钱。

当有人跟你说，我有一种可以变得更有钱的方法的时候，你捂着耳朵大声说："我不听，我不听。"

· 变成穷人的第 2 种方法：完全没有储蓄习惯。

把到手的钱全部花掉，不留一分钱。买衣服、买鞋子、买包包，买汽车、买手表、买 iPhone，就是不存钱。

· 变成穷人的第 3 种方法：轻信别人的建议。

当隔壁老王跟你说，×× 股票一定会涨的时候，你立刻就去买了！

· 变成穷人的第 4 种方法：不判断风险，只看收益。

当隔壁老王再一次说，他不玩股票了，改玩期货了，一周赚了 2 倍，从 10 万元变成 30 万元，你就心动变行动了。

· 变成穷人的第 5 种方法：没有独立思考的能力。

当隔壁老王说，他连期货也不玩了，这次他加入 ×× 组织，完全没有风险，一周赚了 10 倍，从 30 万元变成 330 万元，你一听立马加入。

· 变成穷人的第 6 种方法：抱有侥幸心理。

你明知道 ×× 组织是个庞氏骗局，但你心想自己肯定不是最后被困住的那个人，只要及时抽身，把赚到的钱拿走就好了。

· 变成穷人的第 7 种方法：永远没有行动。

你看了很多理财书籍，发现应该要让钱生钱，决定明天就去开个股票账户。可是明日复明日，你永远没有行动起来。

· 变成穷人的第 8 种方法：从众心理。

你发现全公司都在买 ×× 理财，你们公司总共才 100 人，居然有 78 人都在买这个产品。你觉得这么多人买，肯定没错。

· 变成穷人的第 9 种方法：用时间来省钱。

你发现厨房和卫生间挺脏的，打算用一个周末来清扫一下，却从来没有考虑过请一个钟点工就能解决这个问题。

· 变成穷人的第 10 种方法：把钱看得比机会更重要。

猎头告诉你，有一个新公司发展前景很好，但是因为是初创公司，薪水比你现在少一些。你毫不犹豫地拒绝了，因此失去了赚更多钱的机会。

· 变成穷人的第 11 种方法：宁愿花时间去省钱，也不愿花时间去学习赚钱。

你花了一周的时间，综合比较各个渠道上心仪手机的价格，终于买到了便宜 200 元的正品手机。可是面对 36 元的投资书籍和 99 元的理财课程，你却觉得太贵了。

· 变成穷人的第 12 种方法：不知道加杠杆可以获得更大的价值。

你的工作很出色，老板打算让你带一个实习生，但你总觉得他干得没你好。你认为工作由自己做比较省心，却忘记只要教会他，你就可以腾出时间来做更有价值的工作。穷人不明白人和钱其实都是杠杆。优秀的企业家会通过雇用人和管理人来获得更多的金钱，优秀的投资者会通过雇用钱和管理钱来获得更多的金钱。

· 变成穷人的第 13 种方法：只做紧急的事，不做重要的事。

电话铃响了，你立即去接。邮件来了，你立即去回。你被紧急的事情驱动着，却忘记最重要的事情还没有做。

· 变成穷人的第 14 种方法：没有概率思维。

妈妈让你好好学习，考个好大学。你却反驳说，你看隔壁小王小学还没毕业，不还是开公司赚大钱吗？你没有概率思维，不明白低学历者虽然也有个别成功的例子，但成功的概率要比高学历者低很多。

· 变成穷人的第 15 种方法：不寻求改变，不突破自己。

水湄劝你学理财，你说，来不及了，我都已经 35 岁了，要是 10 年前我学理财，早就不一样了。同学劝你换工作，你说，来不及了，我都已经奔四的人了，还是安稳一点吧。

· 变成穷人的第 16 种方法：做自己不懂的投资。

你学习了股票知识，每年收益还不错。但有人让你去炒比特币，你并不懂比特币为什么会涨，但看着收益很高，还是很开心地把大部分资金从股市里抽出来去炒比特币了。

· 变成穷人的第 17 种方法：只凭感情冲动，不靠理性判断。

有个卖茶叶的小妹在微信上跟你哭诉，如果茶叶卖不出去就没钱给妈妈治病、给弟弟上学。你并不认识她，但因为她说得可怜，你就转了

3000 元给她。

· 变成穷人的第 18 种方法：不坚持独立思考，屈从于专家。

在一次竞赛中，你经过缜密的计算，确定了自己的答案。但是所有的评委和专家都说你错了，你最后屈服了。不能坚持自己的独立思考，屈从于专家，你一定会变成一个穷人。

以上是 18 种变成穷人的方法，希望你能一条一条地对照，有则改之，无则加勉。

其实你也看明白了，18 这个数字是我随便说的，我也可以写 108 条。但你应该明白我的意思：想变得更有钱，首先需要的是思维方式的改变，而不是钱的金额的改变。只有改变思维方式，才是走向富人的第一步！

什么样的人才算是富人？

如果我今天给你 1000 万元，你算不算有钱人？我明天又把这 1000 万元拿走了，你还算不算有钱人？

我们给富人一个简单的定义，就是"持续有钱的人"，这你同意吧？

我给你说个故事吧。

2005 年，名叫温迪·格雷厄姆的英国女子，买彩票中了 100 万英镑的巨奖。2005 年的 100 万英镑兑换成人民币要超过 1000 万元。中奖后，温迪几乎每天都过着醉生梦死、花天酒地的日子。她买来最昂贵的香槟享受，并且开始到各大娱乐场赌博，常常一掷千金。

然而，幸运之神从此再也没有眷顾她。她一直输多赢少，输得越多，她就越想翻本，结果把几十万英镑赔在了赌桌上。只用了 1 年时间，她就彻底花光了这笔"飞来横财"，沦为一个穷光蛋，要靠英国政府的社会福利金补助才能勉强度日。

温迪以前是有工作的人，但是经历过奢侈的生活之后，她再也没有勇气重回以前的工作岗位。她在中奖 1 年后的生活，还不如中奖之前呢！你希望变成这样的有钱人吗？

英国做过相关统计，买彩票中 500 万英镑的人，他们中奖 5 年后的生活，70% 都不如中奖前的生活。

"这怎么可能？"你可能震惊不已。

这些人之所以在中彩票之后，迅速地从有钱人变成穷人，主要是因为他们还停留在穷人的思维上。如果不能转变思维方式，他们只能是一个"有钱的穷人"，或者说是短暂有钱的人，而不是持续有钱的人，即富人。

真正的富人思维不是这样的。

富人和穷人最大的差别在于思维。思维模式的不同，决定了你是否会变成一个有钱人。穷人跟富人思维上最大的差别就在于，穷人一般重视资产，而富人却重视正向现金流。

从名词定义上来说，资产是个人或组织所拥有的具有交换价值的东西，其实就是你现在手上已经有的可以变成钱的东西。资产可以是 1000 万元的现金，也可以是 800 万元的房子。

不能变成钱的东西就不能算资产。比如妈妈给你织的毛衣，你虽然特别喜欢，穿着也特别舒服，还有特殊的感情，但是如果没有人肯出钱来买，那这件毛衣就不能算是资产。

而正向现金流呢，是未来你可以得到的现金收入。它就像水一样，是持续不断地流向你的。正向现金流的对立面就是反向现金流，也就是你源源不断损失的现金。

打个简单的比方，如果你有一个水池，资产就是现在池子里所有的水，而正向现金流就是不断流入水池的水。现在水池里的水，即你的资产，经过风吹日晒不断蒸发，这意味着日常的消费会导致你的资产越来越少。只有你的正向现金流，即不断流入水池的水，与蒸发掉的水相比等同，才能保证水池永远都是满的。

通过这个简单的比喻，你应该轻松理解了资产和现金流的概念了吧。

回到这一节的开头，我今天给你1000万元，你想过这1000万元要怎么花吗？

我得到过这样一个答案：这1000万元，要交20%的税，所以剩下800万元。买个舒服一点的房子，大概400万元；100万元孝敬父母；100万元用来买衣服、鞋子和包包；还有，中奖了总要招待亲戚朋友一番；再用50万元买辆车，只剩下150万元了；也不要工作了，出国旅个游什么的。

这就是典型的穷人思维！

你这样大概能过上个两三年。但两三年之后呢？也许你会说：不是还有房子、车子吗？房子是要住的，车子过了两三年早就不值钱了。就算你卖了房子得到现金，但几年过后，你又回到了现在的状态。这是一个死循环啊！

拥有富人思维的人就会这样考虑：刨去不得不缴的税之后，剩下的800万元就是我水池里的水，即资产。就像水池里的水总会蒸发一样，这些资产也会流失，所以我要保证有现金流。可以拿出其中的一小部分，比如100万元，用来孝敬父母、买点新衣服和招待朋友。好不容易中了1000万元，总得欢乐一下！剩下的钱，就应该先放在水池里，让这些钱为我工作，以钱生钱。用这些钱投资产生的利息、分红来消费，这样水池里的水就永远不会减少。

拥有穷人思维的人，最喜欢说的话就是：等我有多少钱了，我就是富人了。

但是拥有富人思维的人，最喜欢说的却是：等我每天有多少现金进账，我就满足了。

穷人的思维方式和富人的思维方式是完全不同的。穷人看重资产，认为有资产就有钱。而富人则看重现金流，认为只有持续不断创造现金流，才能算真正的有钱人。

总结 & 行动

　　在这一章我们学习了变成穷人的 18 种方法，了解了什么是富人以及富人思维是什么。知道怎样会成为穷人，就能避免成为穷人，进一步学习富人思维，就能用富人思维来行事！

本章的行动计划是：

　　1. 你有哪些富人思维？有哪些穷人思维？你身边的人有哪些穷人思维？有哪些富人思维？

　　2. 考虑下，你生活中有哪些事情是可以持续地带来现金流的？可以是持续地带来钱，也可以是持续地节省时间。

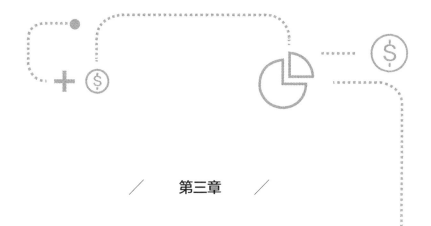

第三章

负债1万元，快来救救我！

——拯救月光族大行动

月光是种病，药方开给你

究竟什么是月光族？如果你有以下三种病症之一，那你肯定就是月光族了。

第一种病：等有了钱再说

典型病人的症状：我工作才半年，存什么钱？！等工作了 3 年再开始存钱也不迟啊！我月薪才 4000 元，存什么钱？！等月薪超过了 8000 元再开始存钱也不迟啊！我想 K 歌，我想看话剧，我想买新手机，我想出门旅行……总之，存钱这种事，等明年再说吧。

这类病人，我会对着你的耳朵大声吼：你永远也不会有钱，钱永远也不会够花！

苹果手机会升级，饭店会涨价，买了自行车还要买小汽车，付完房租还要付首付！总之，如果你想等到有钱了再存钱，结果只能是永远没钱。

治病方法：现在、今天、立即就开始！坚持 100 天，养成存钱的好习惯。

其实，"从现在开始"不仅仅是在消灭月光的时候有用，学习英语、锻炼身体、开始理财，很多事情都不应该放到"明天"。好习惯的培养只有两个要点：第一点，坚持；第二点，从现在开始。

第二种病：月末再存钱

典型病人的症状：这个月我一定会存钱的，哎呀，这件衣服太适合我了，先买了吧！这个月我一定会存钱的，哎呀，这个歌手 3 年才开一次演唱会，我要买票去！这个月我一定会存钱的，哎呀，别人都用 iPhone 最新款了，我也想要升级！

这类病人，我会对着你的耳朵大声吼：你永远也存不了钱！

因为人类的欲望是无限的啊！总还会有更多的漂亮衣服，还会有更多的娱乐项目，还会有更多的科技产品，你的欲望永远不可能有满足的一天。放纵自己欲望的代价就是，你只能一直做个月光族。

治病方法：工资到手的时候，拿出一部分存起来，先存钱，剩余的部分再消费！

重要的事不仅要说三遍，而且一定要做才行！当你意识到把钱存起来要比花出去更重要的时候，你就应该先做重要的事。假如你月薪 4000 元，那就先存个 1000 元，最好到离家半个小时以上的银行存入存折。不要开通网银，这样想花也花不了。

第三种病：意外支出

典型病人的症状：咦，最近有个好朋友要结婚，支出礼金 600 元，唉，纯属意外！咦，最近有人邀请我一起去唱歌，然后要一起宵夜，支出 300 元，唉，纯属意外！咦，最近某化妆品促销打对折，支出 800 元，唉，纯属意外！

这类病人，我会对着你的耳朵大声吼：不是每一个意外都需要支出！

人生的意外有很多，你不能让每天都生活在意外中。其实，有时候拒绝别人并不是那么难的事。

治病方法：可以拿出一部分钱应付意外情况，但也要有勇气对意外情况说"不"！

在每个人的消费计划里，可以留存一部分备用金来应对紧急情况，但也应该克制自己的消费欲望。对有些不必要的支出坚决地说"不"！毕竟生活是你自己过的，没钱的生活也得你自己去过！

除了以上三种比较典型的病症，还有不少典型的月光族专用语言。比如：

钱，生不带来，死不带去，留着没用！

我的钱都花出去和朋友应酬了，大家要多吃饭、多玩耍才能有感情！

只要培养了自身实力，自己进步了，再多钱都能赚回来。所以，这次的培训我要参加！

这些话乍听起来都很有道理，但其实说白了不就是借口吗？！

钱，虽然生不带来、死不带去，但是留着还是有很多用处的。朋友的感情不是靠吃饭和花钱来维系的。培养自身实力，不应该只通过花钱的方式，有很多方法都可以增强自身实力。

这一节的内容，就是希望各位月光族小伙伴能够看到自己身上的问题，并且树立信心和勇气来面对这些问题。相信我，有钱的生活，真的要比月光的生活开心得多！

来总结一下应对月光的三个方法吧：

1. 从现在就开始摆脱月光，每天坚持，养成存钱的好习惯；

2. 拿到钱后，先储蓄，再消费；

3. 留一部分备用金，也要对不良消费习惯说"不"。

战胜自己，养成良好的消费习惯

如果你已经是一个月光族，甚至更惨，你的信用卡已经负债 1 万元，那么你应该采取什么步骤来养成良好的消费习惯呢？

在上一节，我给月光族开了三个小药方。月光族的小伙伴，你们都按方抓药了吗？

当然，机智如我，知道很多小伙伴会哭着对我说：我也想立刻、马上开始存钱，我也想先存钱再消费，我也想有一笔钱应对意外开支，可是我做不到啊！不是我不节约，是我的钱真的不够用啊！

真的是这样吗？

事情的真相往往是残忍的，那些说钱真的不够用而无法存钱的你们，一定是消费习惯有问题。

在我接触到的所有月光族重症患者中，不管收入高低，只要稍微用点心分析一下月光背后的原因，就会发现统统都和消费习惯有关，无一例外！

所以，直面事实真相吧！别再自己骗自己了！养成良好的消费习惯，才是釜底抽薪的招数！

当然，改变消费习惯不是一件简单的事情。就好像健身教练常说的，花了十几年辛苦长出来的肉，想用十几天就减下去，简直是痴人说梦！但即便如此，为了财富自由的美好梦想，我们还是需要战胜自己，养成良好的消费习惯。

第一步：分析

我们所有的消费项目，都可以分为：必要、需要和想要。

"必要"就是维持基本生存水准的项目。严重点说，没有这个项目你就活不下去。

"需要"就是维持基本生活水准的项目。

"想要"就是满足更高生活水准的项目。

就拿我们每天都离不开的吃饭来说，你可以选择每天吃馒头、咸菜，成本在3元左右，你不至于饿死，这就是"必要"。但你想稍微吃得营养一点，可以选择15~20元的盒饭，这就是"需要"。如果你想追求更高的生活水准，吃一次200元左右的日式料理，这就是"想要"的消费支出了。

我们的日常开支中，最容易成为罪魁祸首的就是"想要"这个部分。

明明中午可以吃盒饭，可是隔壁那家泰国餐厅打折，双人套餐198元，好划算，赶紧约上同事一起去！

午休时和同事一起去附近的取款机取钱，不小心看到喜欢的品牌又出了新款包包。虽然家里已经有两个类似款式的包包了，可就是喜欢啊，还是买了吧！

朋友圈最近怎么了？所有人都在晒旅行照片！不行，我也要出去玩一趟，赶紧把机票和酒店订了！

这些"想要"的支出，会在不知不觉中吞噬掉我们辛辛苦苦挣来的钱，让我们陷在月光的苦海里不能自拔。

第二步：认真学习公式，现金流＝收入－支出

什么？这么简单的公式还需要学吗？

当然需要。现金流是理财中至关重要的一个概念，重要到什么程度呢？基本上就像相对论对现代物理学那么重要。月光族的致命伤就是支出永远等于甚至大于收入，现金流为零或者为负，这样永远也不可能积累下用于投资的第一桶金，也就永远看不到钱生小钱的那一天。

所以我们的目标就是——现金流为正数！正数！正数！重要的事情说三遍。

想要现金流为正，方法很简单：要么增加收入，要么减少支出。在收入暂时不能增加的情况下，减少支出就成了唯一的方法。

第三步：巧妙利用"想要"

"必要"的支出如房租、水电不能减，"需要"的支出能减少的空间也太小。

所以，我们要从"想要"的支出上动手！

什么？你的意思是说不能吃好吃的，不能和朋友出去玩，不能买喜欢的东西？！那人生还有什么乐趣！

别这样，我不是让你放弃所有"想要"的消费，只是让你压缩一些而已。少参加一些没有营养的聚会，少买几件衣服，放弃追求最新的电子产品，就已经能减少不少开支啦！

更棒的做法是，把一些你真正想要的东西写下来，列个清单，按自己想要的程度排个序。然后给自己制定一个目标，只要达到这个目标，就可以奖励自己去实现清单上的一个愿望。

不懂？我举个例子：

我的"想要"清单：买一本喜欢的画册，听一场演唱会，买一副梦寐以求的耳机。

我的目标：3 个月内读 20 本书。

读完 5 本书就奖励自己画册，读完 10 本书就奖励自己听演唱会，读完 20 本就买耳机给自己。

如果能做到以下三步：

1. 分析支出中哪些是"必要"、哪些是"需要"、哪些是"想要"；

2. 认真领会"现金流 = 收入 - 开支"这个公式的真谛；

3. 减少"想要"的消费，用它来帮助自己实现其他目标。

恭喜你，你一定可以养成良好的消费习惯！

不当"卡奴"，也可以生活得很幸福

我们来讲讲信用卡这个让人又爱又恨的小东西。信用卡可爱，是因为它能给我们带来生活上的便利，而且对理财投资很有帮助；信用卡可恨，是因为我们有可能被它绑架，过度消费，让生活陷入深渊。

先从信用卡"绑架"说起吧。什么？你觉得信用卡是你的好朋友？

回想一下你的信用卡都是在什么情况下办理的吧！

相信我，80%的人都是在神通广大的银行推销员的"感化"下办理的：朋友，办一张吧！还有小礼物。卡片不激活绝不会产生任何费用，如激活使用还会有各种便利。

听完这些话，你觉得办一张也未尝不可。殊不知，你可能已经踩入了圈套。

圈套一：没激活的卡也有手续费！

有些特殊的信用卡就算不激活也有年费，说不定哪天你就会收到银行的催款单。所以办理信用卡之前，你一定要问清楚有没有年费。别上了银行的黑名单，自己还蒙在鼓里。

圈套二：太多卡债还不起！

有的人信用卡一大把，消费的时候只要能刷卡绝不付现金。结果常常发现自己每个月都会收到一堆账单，消费数额令人咋舌，只能拆东墙补西墙，要不就选择最低额度还款。可是，出来混迟早要还啊！推迟的债还是债，而且还要付利息！

其实，你们有没有想过：为什么只要刷卡消费，开支就常常超出预期？

心理学家发现，同样是 250 元，刷卡的感觉和亲手把钱交出去的感觉是不同的，在使用现金的时候人们会更谨慎。说得通俗点，只要不是自己亲手把钱从钱包里花出去，我们就会有一种不把钱当钱的心态。

信用卡那么多圈套，难道没有好处吗？其实，信用卡也有自己的好处。

它最大的优点是，刷卡消费 30~45 天内免息。相当于在这段时间内，我们可以免费使用银行的钱。

现在在一、二线城市，就是买个包子都可以刷卡，基本上可以实现"一卡在手，生活不愁"。同时，我们的现金可以利用这段时间放在货币基金这样风险低、流动性好又有一定收益的投资产品中，赚个"早饭钱"，收益小总比没有好，对吧？

每张信用卡都有优惠积分活动，如果日常生活中留意一下，而且自己确实有这方面的消费需求的话，也是可以省下不少钱的。当然可千万别本末倒置，为了积分而消费，那就真的得不偿失了！

信用卡是不是还不错呢？当然，前提是你已经养成了良好的消费习惯。

培养良好的消费习惯当然要从"记账"开始。清楚地知道你的每一笔花销和收入，能帮助你改掉不良的消费习惯！你要是和我一样懒得动笔，就用现成的记账 APP 来记录吧！重点是，每天提醒你记！记！记！

好吧，我们现在做个总结：

1. 不要盲目办理信用卡，办理前至少要问清楚不激活是不是也有年费；

2. 不要办理超过 2 张信用卡，刷卡不手软，债台高筑还不起，谁也救不了你；

3. 合理利用信用卡的免息期，投资货币基金"薅羊毛"。

总结 & 行动

这一章共讲了三个部分：

第一部分是给月光族开的三个小药方。

第二部分讲述了要养成良好的消费习惯。这点不仅仅适用于月光族，对每个人都挺实用的。实际上，理财的过程就是一个不断与自己博弈的过程。如果你轻易满足近期的欲望，那就会带来远期的伤害。只有充分地自律，你才可能攒下第一桶金，进行钱生钱的活动。

第三部分讲的是如何远离信用卡陷阱。我们不否认信用卡有一定用处，但是对于月光族同学来说，还是暂时远离信用卡比较好。

本章的行动计划是：

1. 对照第二节的三步法，给自己写个养成良好消费习惯的方案吧。友情提示：想要更好的生活，就要充分了解自己的消费状况。

2. 查一下上个月的信用卡电子账单，仔细看看最大的开销在哪里？逛商场血拼？请客吃饭？网购？把它们都输入记账类 APP 里，让这些 APP 帮你分析一下你的消费习惯。

P.S.：如果你不是月光族，不妨观察一下周围朋友的消费习惯。看看他们都有什么好习惯和坏习惯，可以来我的公众号（水湄和小熊们）反馈。

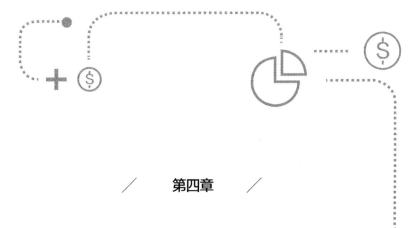

第四章

买、买、买 vs 赚、赚、赚?

——剁手党快来

对月光族而言，只要能克制一下欲望，改变就会非常大。不仅要学会节约，更多的是要学会克制自己的欲望，将短期目标转化为长期目标。实际上我一直觉得，学习理财是个不断与人性的弱点搏斗的过程。

巴菲特曾说过，当人们贪婪的时候你要恐惧，当人们恐惧的时候你要贪婪。文字很简单，就一句话，意思似乎也很好理解，但是有几个人能够做到呢？

世人热爱的似乎都是追涨杀跌。无论是股票、基金还是其他投资品，大部分人都是在涨的时候（尤其是涨的后半阶段）去买，一买就买到山顶上，然后开始不断咒骂最初给他信息的那些人。亏损之后，这些人就赌咒发誓：我再也不买股票了，再也不买基金了，再也不投资了，那都是骗人的玩意儿！

这种从众思维我在第二章说过了，是典型的穷人思维。

赚钱不是那么简单的事。理财的道路漫长而艰难，有耐心和恒心的人才能在这条路上走得更远。

刚才说了欲望这件事，那么在这一章，我们就来讲讲剁手党的故事。

首先，我们来看看，如果你是一个特别喜欢买、买、买的人，有一个买、买、买的机会放在你的面前，你会珍惜吗？

买下你的人生，需要多少钱？

因为马云的存在，全世界的女人都过上了想买什么就买什么、想什么时候买就什么时候买的幸福人生。实际上，买、买、买真的是所有女人的梦想啊！

网上曾特别流行一个"中国人财务自由的九个阶段"的列表，描述了以下的财务自由的场景：

1. 菜场自由

2. 饭店自由

3. 旅游自由

4. 汽车自由

5. 学校自由

6. 工作自由

7. 看病自由

8. 房子自由

9. 国籍自由

既然全人类都那么喜欢买，我们不如来问一个问题：如果买下你的人生，需要多少钱呢？

啊！人生怎么能买？我的人格，我的自尊，我的自由，怎么能随便买卖呢？！不要着急！我们不买人格，不买自尊，也不买你的自由，仅仅计算一下你整个人生的消费总数。

假设你没有偏财运，没办法中 1000 万元的彩票，你今生所有的收入都来自你的工资。

这种假设虽然残忍，但大概是 99% 的人的真实写照。那么来算一算，你的一生会花掉多少钱?

假设你现在 25 岁,税前月薪 6000 元,那么拿到手大约就是 4500 元,乘以 12 个月,就是你一年的收入。按 60 岁退休,你还能工作 35 年。假设你每年工资能够平均上涨 10%(其实一般人的工资涨得没这么快,现在就假设你升职很快吧),到你退休那年,你税后的年薪将会达到约 152 万元,这可是一笔巨款。

想一想吧,你身边有多少人在 60 岁退休的时候年薪能够达到税后 152 万元?这个设定实际上已经远远超越了平均水平。

理论上,这还没有计算薪水提高后必须要多缴纳的个人所得税等成本。总而言之,为了计算简便,我们就假设每年工资上涨 10%。我建议你拿出计算器算一下,如果不吃不喝,把每年的收入全部攒起来,一共是多少钱呢?

我帮你算好了,一共是 1615 万元!

现在我们来干一件残酷的事。我们来计算一下等式的另外一边,也就是你的支出部分。

你有没有想过,假设你现在 25 岁,月薪税前 6000 元,税后 4500 元,60 岁退休,每年薪水按照 10% 来增长,那么你的支出会是多少呢?我们为了计算简便,四舍五入,就算活到 80 岁吧。

这一生当中,我们有很多地方需要花钱。比如你每天要吃饭吧?你要住房吧?你上下班要使用公共交通吧?你要买漂亮的衣服、包包吧?你要跟朋友一起聚餐吧?你要偶尔去看场电影吧?人吃五谷杂粮,偶尔总要生病吧?结婚之后,你还要生小孩,小孩的吃喝拉撒都需要钱,你还要准备他的教育费用。

那么你到底会花多少钱呢?我给你列了一张空白的表格,你可以思考一下,自己在这张表格里填上你觉得比较合适的数字。

支出项目	假设	小计
房租		
吃饭		
朋友聚餐		
买车		
车辆维护		
交通		
衣服、鞋子、包包		
结婚		
旅游		
娱乐		
孝敬父母		
第一次买房		
第二次买房		
装修		
医疗		
抚养孩子		
总计		

计算人生

现在来看我的答案吧，我做了一些基本的假设。

因为我是女性，所以我从女性的角度出发，并假设结婚后的一些支出和先生一人一半，30 岁结婚，31 岁生了一个宝宝。

支出项目	假设	小计
房租	租房每个月要花 1500 元，30 岁的时候，你结婚买房了，就不需要租房了。	25~30 岁，房租的总支出是 9 万元。
吃饭	每月吃饭的支出：早饭 5 元，午饭 15 元，晚饭 15 元。这样一个月就是 1050 元(不包括朋友聚餐)，约为 1000 元。	25~80 岁，吃饭的总支出是 66 万元。
朋友聚餐	外出吃饭其实还蛮贵的，每周一次支出 250 元，那每个月就是 1000 元。	25~80 岁，朋友聚餐的支出总共是 66 万元。
买车	假设你一生中拥有 3 辆车，每辆车开 10 年，那已经很厉害了。30~60 岁开车，刚开始的时候买辆 10 万元左右的，然后换辆 20 万元的，最后换辆 40 万元的。	总共的车价是 70 万元，跟先生一起负担，所以你需负担 35 万元。
车辆维护	开车要油费、停车费、保险费、洗车费和保养费等，平均每个月 1500 元。	车辆维护费总共要花 54 万元，你需要负担一半，即 27 万元。
交通	25~30 岁、60~80 岁，这两段时间里，你没有车或用不了车，所以要计算交通费，每个月交通费算 200 元。	交通费支出是 6 万元。
衣服、鞋子、包包	年轻的时候，衣服、鞋子上的花费肯定比较多；年纪大了，这方面支出可能比较少。平均下来，每个月花 1000 元也不算太多吧。	25~80 岁，置装支出一共是 66 万元。
结婚	终于找到了心目中的白马王子，举行一场浪漫的婚礼，结婚费用大概 30 万元吧。	你要负担一半，即 15 万元。
旅游	婚后你跟老公决定每年出门旅行一次，每 3 年去一次国外，其余年份在国内。去国外平均一个人花 1.5 万元，国内平均一个人花 2500 元。	30~80 岁，外出旅行的花费大概是 33 万元。
娱乐	周末两个人去看场电影、看话剧，平均每个月每人花费 400 元。	30~80 岁，娱乐费用大概是 24 万元。
孝敬父母	你和你先生的父母也都老了，从 30 岁开始，每个月要给双方父母 2000 元的生活费，一直给到你 60 岁。	这笔支出是 72 万元。
第一次买房	30 岁结婚了，房子需要多少钱呢？少算一点，算一个小一点的房子，大概 400 万元吧。假设你没有足够的钱全款买下（很少有人不贷款买房的），贷款 10 年的话，实际要用掉 600 万元；贷款 20 年的话，实际要用掉 800 万元。估计 10 年贷款是不够的，20 年贷款总是要的。	假设你先生条件跟你差不多，把费用除以 2，你实际要负担 400 万元的房款。
第二次买房	到了 45 岁的时候，孩子也长大了，这时候打算换套大一点的房子，大概 150 平方米。假设还是之前的房价，那么就要多付 400 万元。	你需要再负担 200 万元的房款。
装修	两次房子的装修，包括家具和电器。	总共 100 万元，你负担一半，就是 50 万元。
医疗	假设一生没有生太重的病，不过年纪大了，一些病痛是不可避免的，加上生孩子也需要住院。所以 25～50 岁，每月的医疗费只算 200 元，但是 50～80 岁，医疗费剧增，每月平均需要 2500 元。	这样一共是 96 万元，加上生孩子的钱，差不多正好 100 万元。

续　表

支出项目	假设	小计
抚养孩子	31 岁的时候生了一个宝宝。 教育费用：从宝宝出生到大学毕业，幼儿园 3 年，每年 2 万元；小学 6 年，每年 1 万元；中学 6 年，每年 3 万元；大学 4 年，每年 2 万元。这样总共就是 38 万元。如果你的孩子需要参加各种才艺班，那就要再加上 12 万元，一共需要 50 万元。 生活费用：小孩的服装和食物支出，每月算 1500 元，到 22 岁经济独立，总共 40 万元。 还有小孩子会生病，还要买玩具，每年过生日也要庆祝一下，这些就算 10 万元吧。	总共算 100 万元，你负担一半，就是 50 万元。
总计	1219 万元	

精打细算，我算出了这一生活到 80 岁，大概需要花费 1219 万元。好像还挺省的，相比总收入 1615 万元来说，好像还能结余 400 万元。400 万元可以用来出国旅行，可以用来买更大一点的房子。嗯，40 万元的车子好像档次太低了，可以换辆更贵的。

慢着，这是建立在你每年工资上涨 10% 的基础上的。按照假设，你的税后最高年薪达 152 万元，这基本上是大公司 CEO 或者高管的年薪了。假设你的工资上涨得没这么快，每年上涨 8%，在你 60 岁的时候，税后年薪是 80 万元。那你的人生总收入一下子只有 1010 万元了，比起总支出还有约 200 万元的缺口。

200 万元的缺口？！是不是吓了一大跳啊。

更进一步说：如果你工资每年只上涨 5%，税后最高年薪 30 万元的话，那你的人生总收入只有 518 万元了，整整 700 万元的缺口。也就是说，除非你立志成为世界 500 强的高管，否则你人生的钱就不够用了。

怎么可能每个人都能成为企业高管呢？

我想告诉你一个更坏的消息，这还没有计算通货膨胀。

通货膨胀是什么？就是说现在的 100 元，明年可能不值 100 元了。目前国家公布的通货膨胀率是 6% ~ 7%，也就是说，就算按照之前 10% 的工资增长来计算，刨去通货膨胀，你的实际工资增长只有 5% 都不到，你面临的是入不敷出的境地！

三条买、买、买的秘籍

买过了你的人生，你是不是对买、买、买这件事开始有了严肃而深刻的思考？其实消费是每个人都绕不过去的话题，就算是投资大师巴菲特，他也需要买、买、买啊！那么怎样买才是合理的呢？

我来讲一个小故事。用这个故事，我会告诉你三条买、买、买的秘籍。

有一次，我的闺蜜 Nancy 要搬家，让我去帮忙，去了她家我才发现工作量之巨大。虽然大件的电视机、电冰箱之类的倒也只有那么几件，文件、书本之类的也都有限，问题是 Nancy 房间里光化妆品就一大堆。

别说那七八罐面霜、二三十支唇膏，光爽肤水就有 11 瓶，很多都只用了一点，还有一些连包装盒都没有打开过。除此之外，在各种角落和小收纳盒里，还有林林总总、各种各样的试用小样，整理出来整整 6 大箱！

我打击她说："这下我知道你这些年的工资都用到哪里去了。"

"可不是嘛，原来我买了这么多护肤品啊！买的时候觉得都用的到，可是买来之后，可能因为香味不喜欢，也可能因为不适合我的肤色，然后就随手放在一边了。那些赠品和小样都是送的，不拿白不拿。可是拿回来又不太会用，扔了又不舍得，没想到日积月累居然有那么多！"面对那整整 6 大箱的化妆品，连 Nancy 自己也吃惊不已。

我说："这还没完呢，你的衣橱还没整理呢，我看也不会比化妆品少多少，好多衣服我看你也不太穿的，有几件居然连吊牌都没有拆，你到底是有多浪费啊！"

"其实这些都是在淘宝买的，也不是很贵啊。"Nancy 赶紧为自己辩解。

"是啊，衣服虽然是不贵，不过买了不穿才是最大的浪费啊！"我说完之后，突然发现这居然是妈妈常常对我讲的话。

我妈妈年轻的时候是个美人，穿戴也很时髦，好些衣服十几年后看起来还是一点也不俗套。我妈妈在衣服上很舍得花钱，她在一个月赚200元工资的时候，就舍得买400多元的毛呢裤子。不过那条裤子因为料子好，样子也很时髦，所以穿了十几年。

我妈妈经常说的就是："有些衣服是便宜，可是买了穿不了几次就不喜欢了，买了不穿才是最大的浪费。有些衣服看似有点贵，不过可以穿很多年，因此算下来反而是便宜的。"

Nancy的薪水比我高这么多，却还是月光族，这跟她喜欢乱买东西很有关系。而且化妆品买来不用，衣服买了穿不了几次，这才是真正的浪费啊！

Nancy也自我反省道："买衣服、买化妆品，对钱是一种浪费！每天对着镜子想到底要穿什么，对时间也是一大浪费！经常逛网店，跟掌柜讨价还价，买来尺寸不合适还要退货，时间、精力双重浪费！这次搬家之后，我一定要痛改这个毛病！"

第一条秘籍：想要买一件东西之前，先在家里找找有无类似的物品；如果有的话，不买。

我有点心虚地说："我也是刚刚开始学习啊，我们俩互相监督呗。"

我和Nancy坐在乱哄哄的房间中，找出一张白纸，我说："今天光空气加湿器我就找到了3个，你买之前不知道家里有吗？"

Nancy说："我买第2个的时候想着可以拿去公司用，但是后来听说公司本来就有大型空气加湿器。第3个的造型比较好看。"

第二条秘籍：想要买一件东西之前，先想想是受到了广告的诱惑，还是真的需要；如果只是受到诱惑的话，不买。

"你的大地色眼影有8盒，居然有3盒是同一个牌子的，怎么说？"我举起手里的一大堆眼影问道。

"这个牌子的广告放得很凶啊，我们公司楼下就有它们的专柜，不知不觉就买了这么多。"

第三条秘籍：想要买一件东西之前，先想想未来使用的频率是否会比较高；如果不是的话，不买。

"那么这件大衣是怎么回事呢？你堆在角落里卷成一团，但是看上去很新啊。"

Nancy 心虚地说："这一件，买的时候觉得很好看。它虽然料子很厚，却是中袖的。天刚凉的时候觉得料子太厚，穿起来太热了。但真到天冷的时候，因为是中袖又觉得穿着太冷了。其实这件可不便宜呢，只是可惜能穿的机会太少了。而且这个颜色也比较奇怪，很难搭配其他衣服。"

Nancy 拿起写满秘籍的纸说："我搬到新房子之后，就把这三条避免浪费的原则贴在卧室的墙上，时刻提醒自己，估计能省下不少钱呢！"

来吧，跟我重复一下三条买、买、买的秘籍：

想要买一件东西之前，先在家里找找有无类似的物品；如果有的话，不买。

想要买一件东西之前，先想想是受到广告的诱惑，还是真的需要；如果只是受到诱惑的话，不买。

想要买一件东西之前，先想想未来使用的频率是否会比较高；如果不是的话，不买。

为什么我从来不过"双十一"

我曾经写过一篇豆瓣日记，叫作《为什么我从来不过"双十一"》，到现在还不断被转载，大家可以去网上搜索这篇文章。在文章中，我描述了我的三个理由。

第一点：对于消费品而言，"需要"比"价格"更重要。

对于投资来说，明确内在价值之后，价格是最关键的因素。我老公为了以足够便宜的价格买入一家公司的股票，甚至不惜等上一两年之久。有时候他会感慨，当年仅仅因为不够便宜而没有买入的某家公司的股票，现在股价涨了两三倍不止。但他不曾后悔，因为这是他投资的基本原则。

对于消费品而言，我觉得明确内在价值之后，需要比价格更重要。因此，拼搏"双十一"的问题在于，你往往会因"价格低"而忘记了"是否需要"这件事。豆瓣上爱书人多，当京东、当当打两三折时，便会买回来一堆书，但多少是看完的？多少又是买回来就束之高阁的？

第二点：对于消费品，也要搞明白"价值"和"价格"的差别。

我看不少人说，"去年'双十一'买的面膜还没用完"，那我就拿面膜举例吧。

一般来说，你会购买"价值"高于"价格"的商品。对于不需要的东西或者用不到的东西，它的"价值"实际为 0。也就是说，一袋你去年买了、但是今年还没用的面膜，哪怕它"双十一"从 20 元打折到 6 元，它的"价值"实际为 0，你仍然亏了 6 元。

我看到朋友圈中流传着不少类似"别问我花了多少钱，而要问我省了多少钱"的言论，如果他们明白"价值"和"价格"的区别，就不会这么说了。省多少只是"账面数字"，实际上你吃了大亏。

第三点：追逐"双十一"是有成本的。

最后一点其实我觉得最为重要，也是我从来不过"双十一"的最大理由。购物这件事是有时间成本的，它甚至会让你养成不太好的消费习惯。

在"双十一"之前，你需要考虑要买什么，看看哪家店打折最厉害；然后在双十一准备夜宵、盯着电脑，手快有、手慢无地拼抢，这些在我看来都是有成本的。时间是成本的一种，精力也是成本的一种，还有最关键的是，思维方式也是成本的一种。

我宁愿去思考"如何能赚更多的钱"，也不愿意把时间和精力耗费在"如何能买到更便宜的东西"上。我宁愿去考虑"什么东西我不买也可以"，也不愿意去考虑"如果便宜的话买回来或许会有用"。

总结 & 行动

这一章的内容可以总结为：

先算算买下你的人生的费用，然后背诵三条消费秘籍，最后给出三个不追逐"双十一"的理由。

每年的"双十一"都来势汹汹，作为买、买、买的你，就把这当成一个小小的考验吧！

这一章的行动作业很简单：

1. 算算你一辈子可以赚多少钱？抵消通胀来看实际的购买力是多少？

2. 算算你一辈子要花多少钱？

3. 然后再问问你自己：要不要下定决心改变买、买、买的习惯，要不要用点时间学习理财投资的知识？

第五章

1元钱也能理财吗？

——从余额宝开始说起

余额宝的前世今生

如果你只有 1 元，你会买什么？很简单，余额宝！

不知道现在还有多少人不知道余额宝。你别笑，我真的认识不知道余额宝的人。

早在 5 年前，可是没有什么人知道余额宝呢。

不过就算你没有听过余额宝，你也一定知道支付宝。

2013 年，马云不满足于只做支付宝，于是发出了"银行不改变，我就改变银行"的豪言，推出余额宝。于是乎，2013 年也变成互联网金融的元年。余额宝给全国人民普及了投资知识，可谓功德无量。不仅如此，还有很多人因为余额宝，从零基础的理财小白，迈进了理财投资的大门。

我身边就有一个真实案例。虽然他现在已经是身价百万元的老手了，但在四五年前，他还是个什么都不懂的投资小白。他之所以突然从月光族转性，踏上了理财这条"不归路"，其中的一个重要因素就是余额宝。

2013 年余额宝刚出来的时候，年收益率高达 7%。他就想了，几万元放在里面，每天能收回一个早饭钱。要是有 50 万元放在余额宝里，每天收益 70 元，就能覆盖掉日常开支啦！那岂不是就"财富自由"了？

到今天，余额宝也 5 岁了。它的 7 日年化收益率在 3% ~ 4%。虽然余额宝的收益不再有往日的辉煌，但是很多人却都是通过它开启了理财投资的大门。

可能有的小伙伴要问了：余额宝到底是怎样一种投资产品？它的收益逻辑是什么？

这一节，我们就来深挖一下余额宝的前世今生。

2013 年 6 月 13 日，余额宝出生了。余额宝刚推出不久，业内人士就纷纷撰文，认为其不过是一款货币基金！

什么是货币基金？一般来说，国债、政府债、企业债以及商业票据等安全系数很高且短期的（平均 120 天）货币工具，统称为货币基金。

余额宝本质上就是货币基金。至于投资的这些国债、票据等品类，它们最大的特点就是安全性高、风险小。你看它投资的产品就能看出来，其安全性非常高。

余额宝对接的货币基金名叫天弘余额宝货币基金。我们把钱转入余额宝，其实质就是买入了同等份额的天弘余额宝货币基金。余额宝操作起来非常方便，把钱放进余额宝既可以赚取收益，又可以随时用来消费。

货币基金的特点

为什么余额宝能随时随地用来支付呢？很简单，这是由货币基金的性质决定的。

货币基金的性质有哪些？

第一，货币基金是一种开放式基金，也就是说投资人可以随时购买和赎回。

第二，货币基金的投向是风险小的货币市场。

总而言之，货币基金有**两个重要特点：首先是流动性好**。你如果要取，随时能拿到钱；**其次是风险低**，几乎不会亏损本金。因此，货币基金具有准储蓄的特征。

那么，有的小伙伴或许糊涂了，投资国债、票据这些产品收益很高吗？为什么我们不能自己去投资，非要交给基金经理呢？这是因为，基金经理投资的金融工具一般交易金额非常大，个人投资者是很难直接参与的。

比如银行年末特别缺钱的时候，你拿着5万元去找银行的人说："听说你们最近很缺钱啊，我这里有5万元，借你们一个月，只要利息比一年期定期存款高点就行了。"你觉得银行会因为5万元去提高利息吗？很明显不会。

但是，货币基金的基金经理可不一样。他这时找到银行说："我这边有上百亿元的资金可以借给你，不过利息要高一些，具体高多少呢，咱们可以商量。"虽然银行很不情愿，但架不住大额资金确实很难借到，也只能同意了。获得的这些利息，会先去除掉基金本身要收取的费用和银行的托管费，毕竟基金公司和银行也是要吃饭的。剩下的收益，就会返还给投资者了。

根据天弘余额宝公布的数据，2017年上半年余额宝规模已经达到了1.43万亿元，基金公司作为管理人的报酬为16.93亿元，创下了中国基金业单支基金半年净利润和管理费的新高。其托管银行中信银行，托管费收入达到了4.51亿元。

16.93亿元的管理费，就是天弘基金的基金经理帮我们打理资金所收取的劳务费了。在1.43万亿元里抽取16.93亿元，也就是大概0.1%，虽然对你来说没什么感觉，但架不住盘子大，已经足够基金公司赚得盆满钵满了。

那么4.51亿元银行托管费又是什么呢？这是为了防止基金公司卷款私逃，公募基金的资金都需要放在银行里托管。我们投资基金的钱是进到托管银行账户，而不是直接到基金公司的手里。基金公司出了投资决策后，银行再把钱划出，投资到某项产品中。银行也不能白白地帮你托管这笔钱，所以银行要收取一定的托管费。

不过这些费用都在平台发放给我们收益之前扣掉了，所以我们没有实实在在感受到这笔费用。换句话说，我们在余额宝上面看到的收益就是我们的净收益，不用再扣费了。

如何选择靠谱的货币基金

这么说下来，货币基金真是一款安全性高、收益稳定、流动性好的投资产品，跟银行活期存款一样方便，还比活期存款利息高出 10 倍不止，实在是躺着挣钱的必备"良药"啊！

那么，有些小伙伴可能要问了，去哪里才能买到呢？只有支付宝或者腾讯理财通吗？其实，货币基金的购买渠道远远不止这两家，银行或者其他基金网站都是可以买的。但是，这里面的学问可就不一样了。

我们买货币基金大体有三种渠道：

1. 银行；

2. 第三方平台；

3. 基金公司的官方网站。

刚才说的支付宝、腾讯理财通，都属于第三方平台。银行和第三方平台属于基金的代销渠道，而基金公司的官网则是直销渠道。它们也是各有利弊的。

在官网这种直销渠道购买，费率相对最低、提现时间最短。为什么呢？因为直接啊！就像是厂家生产、厂家直销一样，不用拐来拐去经过不同的账户。其缺点是，用户只能买单一基金公司的基金，如果要买其他基金公司的产品，还需要到另外的基金公司官网开户才行。

而代销渠道就是银行和第三方平台了。我们做个比喻，代销像个超市，基金种类很多，选择起来也很方便，但比直接在基金公司买多了一道程序，因此往往会收取一部分手续费，提现时间也会慢一些。

如果要把手续费从低到高做个排名的话，依序下来是基金公司、第三方平台和银行。

综合来看,还是建议你去第三方平台上购买基金,既可以买到很多品种,手续费也不算太高。

不过,在这里我要说明一下,由于货币基金收益相对较低,手续费率也几乎没有,所以在不同平台购买的差异并不大。

一般情况下,货币基金是不收取申购费和赎回费的,但这并不代表没有别的费用。它还有诸如销售服务费、管理费和托管费,这些费用也是非常低的。不过蚊子腿再小,也是肉啊!

需要注意的是,现在在不同的平台购买货币基金还要看附加功能。

举个例子,同一款货币基金,在一些平台只能做基本的申购,但是在支付宝上不仅仅可以投资理财,还可以购物,甚至还能还信用卡。我们熟悉的余额宝就是这样,可以进行消费,可以还信用卡,还可以用来直接购买其他理财产品。这些都是传统的平台所没有的功能。

这几年来,货币基金一改低调形象,在功能创新的道路上越走越远。现在货币基金的功能远超出了你的想象,包括投资理财、购物支付、还款还贷、跨行转账等。

那具体要怎么挑选货币基金呢?这里我简单传授你几招挑选靠谱货币基金的技巧。

第一招,看收益!

你要知道,有很多理财投资产品,看着像货币基金,其实并不是货币基金,而是保险理财或者 P2P。

第二招,看名字!

虽然说"标题党"是个贬义词,但是在货币基金的命名上,可不敢有人做标题党,不然监管层就会发函问询。一般来说,基金里面带"现金""货币"的,就是货币基金;而像国寿嘉年月月盈、光大永明定活保,这些前面带着保险公司名字的,就是保险理财产品。

第三招，能不能随时存取！

货币基金的一大优点就在于它的灵活性。如果一款投资产品有所谓的"封闭期"或是"锁定期"，那它一定不是货币基金。

第四招，直接在货币基金栏里挑选！

如果你还是拿不定主意，那还有一招更简单的办法，就是直接在 APP 或者基金网站上的货币基金一栏里面挑选，这样你就不用担心买错基金啦！

那么，知道了怎么辨别真假货币基金之后，我们要如何挑选靠谱的货币基金呢？有以下三个简单的方法：

第一，挑选规模大的货币基金。

你在购买的时候看看基金规模，或者在网站上直接选择按照规模大小来排序。为什么要选规模大的呢？很简单，规模越大，说明投资人越多，风险越小。

第二，挑选靠谱的渠道购买。

比如说余额宝、理财通、京东金融、微众银行、天天基金网等，越知名的机构越安全。

第三，挑选灵活性高的。

一般来说，你在平台提出赎回之后，资金可以在 1 天后到账。但是这还不算最灵活的。如果一款货币基金在满足前两个要求的同时，还能实现当日赎回、当日到账，那就很完美了。

为什么要花这么多力气讲货币基金？

上文花了很大篇幅来讲货币基金，但其实对于很多人来讲，货币基金的优势并不是非常明显。

为什么这么说呢？我举个例子。

余额宝的收益率大概在 4.1%，而货币基金最高的收益率也不过 4.6%，这当中相差多少呢？假设你投入1万元，余额宝一年收益是410元，比较高回报的货币基金的收益是460元，这当中的差异是50元。50元一年，那每天的收益才差0.13元。

那为什么你要花时间和精力去了解这些东西呢？

有些人说，打个车、吃个饭，上下就几十元，何必花时间来看这一章，还要花很多时间去网上做比较？

原因很简单。因为技能这个东西，对于各种投资品都是一样的。也就是说，因为我现在讲的是货币基金，其产品区别不大，所以你会觉得差别很小，但是其他的投资品可不一样。投资习惯一旦养成，便会对你产生很大的、长期的影响。

再举例来说，我今天讲了什么样的投资平台、投资渠道更靠谱。如果说你习惯选择更靠谱的平台，那么你就不会投资那些不靠谱、有诈骗嫌疑、有"跑路"危险的平台。也就等于说，你投资1万元的时候，最后的差异可不是这50元，而有可能是你的本金安全。

我之所以花了那么多时间去讲余额宝，它的意义并不在于余额宝和货币基金本身，而是当你去做一个投资决策的时候，你要知道用哪些条件去筛选，知道哪些才算是靠谱的基金公司。

搞清楚这些，你就会遵循比较全面的、有规则的投资路径，这样才能确保你的投资是安全的。

总结 & 行动

在这一章我们讲述了以下内容：

余额宝是什么？货币基金的特点是什么？怎么挑选靠谱的货币基金？

接下来是针对本章的行动计划：

找到一款货币基金，依次找到它的 7 日年化收益、近 3 月收益、规模和购买费率。

至少从两个渠道，例如银行和第三方平台，找到同一款货币基金，对比一下这款基金的申购和赎回费用，看看具体差多少。

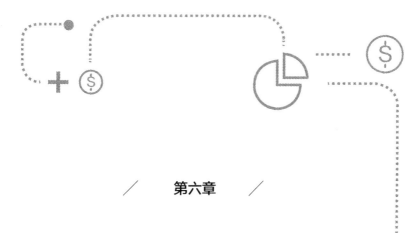

第六章

初入职场，公司应该给我多少钱？

——"五险一金"的故事

"五险一金"是什么？

这一章的内容跟大多数人都密切相关，那就是"五险一金"的那些事儿。

我们先通过刚入职的小湄同学来解释一下这个事情。

小湄6月大学毕业，和大部分的毕业生一样，她加入了求职大军，开始在网上投简历。某天，她收到一家公司的面试通知，兴冲冲地去面试。公司看起来挺不错，面试也很顺利。当小湄报出预期薪水时，HR也没有表示异议。回家后的第二天，小湄收到了HR的电话，通知她下周入职。新人有2个月实习期，实习期工资为4000元，等到转正之后工资为6000元。

2个月之后，小湄终于收到了人生的第一份正式工资，可是她惊讶地发现自己拿到手的钱并没有6000元。工资条上写着两条她不太懂的条目，分别是社保和公积金。除了个人所得税之外，这两项还扣掉了不少钱。拿着工资条，一肚子疑惑的小湄只好向也是HR的邻居小花请教。小花比小湄早工作3年，现在是一家企业的HR经理。

看到一脸疑惑的小湄，小花说："首先要恭喜你进了一家正规公司，要知道不是每家公司都会按照国家规定为员工缴纳社保和公积金，毕竟这些都算是公司的人力成本。你问的这个社保和公积金，我们一般统称为'五险一金'。

'五险'是指养老保险、医疗保险、生育保险、工伤保险和失业保险。这些保险是由国家立法强制要求实施的，主要目的就是要保证我们这些劳动者老有所养、病有所医，万一遇到什么工伤、失业，还可以得到一定的经济补偿。而公积金，就是'五险一金'中的'一金'，是指住房公积金。住房公积金用处可大了，比如你要买房的话，可以用公积金贷款，利息比普通商业贷款低；要是不买房的话，你也可以用公积金付房租、装修房子等。"

听完小花的介绍，小湄的疑问不仅没有得到解答，反而更多了："为什么'五险一金'会从我的工资里扣钱呢？扣钱的标准又是什么呢？为什么说'五险一金'也算是公司的人力成本呢？这些保险、公积金究竟在什么情况下能够用到呢？男生也要买生育保险吗？男人又不生孩子！要是用不到的话，可不可以不交呢？如果我以后跳槽换了公司，在这家公司缴纳的'五险一金'是不是就白交啦？"

好了，这些问题，我们会在本章一个一个地回答。

养老保险

养老保险是社保的组成部分之一。顾名思义，养老保险的目的就是解决广大小伙伴的养老问题。毕竟，不是所有人都有储蓄和理财投资的习惯。

要是一个人工作到退休，突然发现自己没有任何积蓄，没有任何收入，也没买过任何养老保险，那接下来的几十年该怎么过呢？

在过去的中国，很多人会选择"养儿防老"。但现在都 21 世纪了，估计没几个人还幼稚地觉得可以养儿防老吧。所以养老保险的出现，就是为了解决大部分人的养老问题。

既然要解决养老问题，那总得要钱吧。这个钱从哪里来呢？

答案很简单，由个人和公司共同缴纳。也就是说，你自己每个月从工资中拿出一部分存起来，公司再拿出一部分帮你存起来，这样一个月一个月地存下去，等你退休之后，就可以领取养老金啦。

那么个人和公司各自缴纳多少呢？

按照 2018 年上海的规定，个人缴纳工资的 8%，公司缴纳工资的 20%。也就是说，如果你的基本工资是 10000 元的话，你每个月养老保险要扣掉 800 元，公司还要帮你缴纳 2000 元，所以说这也是人力成本！

那钱去哪儿了呢？

答案是：个人缴纳的钱进入了个人账户，这部分的钱都是你的；而公司缴纳的部分进入了统筹账户。既然叫统筹账户，顾名思义也就是说进入这个账户的钱不由我们自己做主，是统筹安排的。

根据国家规定，只要缴纳养老保险 15 年，就可以在退休后领到退休金。如果没有缴满 15 年，那你就只能领回个人缴纳的部分，企业缴纳的部分就无法领回了。

现在问题来啦，退休之后你究竟能够领到多少养老金呢？

这里就涉及一个相对复杂的计算公式：

基础养老金 =(全省上年度在岗职工月平均工资 + 本人指数化月平均缴费工资)÷2× 缴费年限 ×1%；

个人账户养老金 = 个人实际账户累计额 / 计发月数 (60 岁退休按 139 个月计算)。

听起来有点复杂，我们来举个例子。

比如说小涓，25 岁工作，60 岁退休，那就工作了 35 年。假设工资不变，一直是 5000 元，而全省上年度在岗职工月平均工资也是 5000 元，个人平均缴费基数为 1.0，那么小涓的养老金为：

月领养老金：$[(5000+5000 \times 1) \div 2 \times 35 \times 1\%]+(5000 \times 8\% \times 12 \times 35/139) \approx 2959$ 元

注：个人平均缴费基数就是自己实际的缴费基数与社会平均工资之比的历年平均值。低限为 0.6，高限为 3。

无论怎么算，我们都能得出一个结论——如果想靠着养老金养老的话，情况不容乐观！

中国正在跑步进入老龄化社会，领取退休金的人越来越多，缴纳养老保险的年轻人不增反减。这就好像一个池子，流进来的水越来越少，流出去的水越来越多，究竟能支持多久，就不知道了。所以，学习理财迫在眉睫！

不过，即便知道靠养老保险养老不太靠谱，我们还是不得不交。因为在很多地区，缴纳社保与买车、买房及落户息息相关。

医疗保险

社保中的医疗险，是为补偿疾病所带来的医疗费用的一种保险。当你生病时，不管是吃药还是住院、做手术，都是会产生费用的。如果你有医疗险，你就能按规定报销一部分费用，从而减轻经济压力。

那么，就医报销的钱从哪里来？羊毛出在羊身上，从工资里扣呗！

当然，医疗险我们自己交一部分，公司也会帮我们交一部分。按照规定，医保以缴纳基数为准，单位交 10%，个人交 2%；个人部分全部进入医保卡，单位部分有 1% 左右进卡。每个城市的缴纳基数都不一样，具体数据在社保官网上可以查询。

例如小湄所在的某城区，单位职工社保最低缴纳基数为 3000 元，根据这个基数计算出来的费用是这样的：

个人账户：小湄交 3000×2%+ 单位交 3000×1%=90 元

统筹账户：单位交 3000×9%=270 元

医保分两个账户，个人账户和统筹账户。

个人账户就是医保卡内的钱，可以用来在定点药店买药以及支付门诊费用和住院费用中个人自付的部分。

而统筹账户就要由医保中心统一管理了，只有发生符合当地医保报销的费用时，才能由统筹账户支付。也就是说，小湄每个月有 90 元进入医保卡，可以直接用于平时去药店买药，去医院看门诊时付挂号费、药费等，住院的时候还能用医保卡里的余额支付个人自付部分的费用。

比起小打小闹的感冒、发烧、咳嗽、拉肚子，很多小伙伴最关心的是：如果真的不幸得了大病，医保能报销多少呢？

一般来说，报销的范畴分为三个部分，分别为起付标准下的自付部分、医疗统筹报销和大病报销。

简单来说，我们住院治疗所产生的费用报销，分为三种情况。

第一种：医药费没有达到报销标准，那医保就不能给你报销了，所有的费用统统自掏腰包；

第二种：医药费达到了报销标准，按照基本医疗报销标准直接给你报销；

第三种：医药费已经按标准报销了，但数额特别巨大，报销后还剩一个"大窟窿"，这时需按大病保险报销。

听起来有点抽象。别急，我们举个例子。

比如，某城市 2017 年职工医保报销 80%。在职工医保之外，还有大病保险。大病保险的报销比例为：

a. 2 万 ~10 万元，50%；

b. 10 万 ~20 万元，60%；

c. 20 万 ~30 万元，70%。

假如小湄不幸生了场大病，在某三级医院接受治疗。治疗费用单显示，治病开销共 60 万元（起付线为 2 万元、年度报销封顶线为 30 万元）；其中基本医疗部分为 2660 元，此部分个人自掏腰包付费。如果小湄参加了职工大病医疗保险，那么能报销多少钱呢？

首先小湄自己该掏腰包的钱已经掏了，剩下的先按三级医院的基本医疗报销比例（80%）进行报销：（600000-2660）×80%=477872 元。但职工医保全年支付限额为 30 万元，超过的部分就不能再报销了！

幸好，小湄参加了职工大病医疗保险，超出 30 万元的部分就进入大病保险系统。超过的金额为 477872-300000=177872 元。经过计算得出，报销过后还剩下 177872 元需按照大病报销程序报销。

此部分处于 10 万~20 万元的范畴，报销60%也就是：177872×60%=106723.2 元。

因此在此种情况下，参加职工大病医疗保险的报销总额为 300000+106723.2=406723.2 元。

项目	费用 / 元
基本医疗部分（纯自费）	2660
职工医保（报销80%，全年限额30万元）	300000
大病险（超过30万元的部分，10万~20万元的范畴，报销60%）	106723.2
报销合计	406723.2

各地大病医疗保险的报销比例不同，但计算方法是相同的，只要掌握计算方法就好了，具体信息可以根据自己所在的城市拨打当地社保局电话 12333 进行免费咨询。

这样看起来，医保还是非常有用的，毕竟现在看病贵是大家公认的。

失业、生育和工伤保险

失业保险

有些同学对失业保险的理解太简单了！觉得就是交了一段时间的钱之后，如果自己失业了，就可以领救济金了！

如果你真的这么想，那还真是太天真了。

想要领失业保险，你至少要满足三个条件：

1. 所在单位和本人缴费满 1 年；

2. 非因本人意愿中断就业；

3. 已办理失业登记，并有求职要求。

听上去有些抽象，我们还是再次邀请小湄同学出场。

小湄新入职了一家公司，岗位是新媒体运营。老板常常提出各种奇葩要求，比如用 1000 元预算做出 "10 万 +" 阅读量的文章。小湄不满奇葩老板，3 个月不到就愤而辞职，打算重新找一份工作，那么她是否符合申请失业保险的要求呢？

答案是否定的。因为小湄并非被辞退，而是她自己主动要求离职，所以不符合 "非本人意愿中断就业" 的要求；而且小湄和小湄前公司缴纳失业保险的时间不满 1 年，所以即使小湄是被辞退的，也无法享受到失业保险。

那到底哪些情况才算符合 "非本人意愿中断就业" 的要求呢？

顾名思义，这一要求指的是自己愿意继续工作，而由于用人单位方面的问题导致自己被迫失业，常见的情况包括两种：

1. 劳动合同到期，用人单位不愿意续签；

2. 用人单位单方面解除劳动合同。

但其实就算以上条件都满足,要领取失业保险，还需要在离职之日起60日内,持职业指导培训卡、户口簿、身份证、解除劳动合同或者工作关系的证明和照片，到户口所在街道、镇劳动保障部门进行失业登记，才能办理领取失业保险手续。

那么，符合条件后能领到多少钱呢？

先看看你平常交多少吧。按照个人 1%、用人单位 2% 的比例缴纳，也就是说如果你的基本工资是 10000 元的话，那你每个月失业保险个人要扣掉 100 元，公司还帮你缴纳 200 元。

每个月 300 元，你觉得够你失业期间的花销吗？所以，与其等着少得可怜的失业保险，还不如去找一份新工作吧！

生育保险

再说说生育保险。生育保险全部由公司缴纳，所以如果没有工作单位，比如自由职业者，是很难享受这个保险的。

我们国家的生育保险主要包含三项：

1. 生育津贴；

2. 生育医疗待遇；

3. 产假。

这三部分基本涵盖了怀孕生子的整个过程。

先说产假，它是指在职妇女产期前后的休假待遇，一般从分娩前半个月至产后两个半月。按照生育保险相关规定，女职工生育享受 98 天产假；难产的增加产假 15 天；生育多胞胎的，每多生育 1 个婴儿增加产假 15 天。女职工怀孕未满 4 个月流产的，享受 15 天产假；怀孕满 4 个月流产的，享受 42 天产假。不过，各个地区和单位会根据具体的情况而有所不同。

国家的二孩政策推广之后，很多地区相继调整了产假时间，取消晚育假，同时给予一定奖励假。比如北京取消了 30 天晚育假，增加了 30 天生育奖励假以及生育津贴。

产假变长，员工高兴了，但是老板就"头大"了。你这么长时间不上班，我还要给你付工资？这部分还好有生育津贴，它就是用来付这部分工资的。

说了这么多，都是和女性相关的话题。那么问题来了，男生为什么也要买生育险呢？

虽然男性不能直接使用生育险，但是如果老婆有工作的话，老公可以享受 10 日的护理假津贴。津贴的日支付标准，是按照其配偶生育的上一个月用人单位为其缴纳生育保险费的基数除以 30 日来计算的。如果老婆没有工作，没有生育保险的话，可以使用老公的生育保险，享受 50% 的生育保险待遇。

这里我建议：准备要宝宝的小伙伴，要提前从公司人力资源、当地社保局了解生育保险的具体条款、使用条件等，做到心中有数。

工伤保险

最后，我们说一下工伤保险。

假设我们这一章的主角小湄因为工作原因得了职业病，一段时间内没办法正常上班，只能在家休养。这个时候，工伤保险就能为她提供一定的经济补偿。这些经济补偿不仅包括医疗、康复所需的费用，还包括保障小湄基本生活的费用。

可能很多小伙伴更关心的问题是：究竟在什么情况下才能算工伤？

根据《工伤保险条例》，工伤的界定是有严格条件的，第一条即在工作时间和工作场所内，因工作原因受到事故伤害。

画重点，上面这句话有三个关键点：工作时间、工作场所、因为工作原因受到事故伤害。

其实工伤保险呢，最好不要有机会领。但如果你受了工伤，一定要注意保留证据，及时申请。如果证据不足，或者距离受伤的时间超过 1 个月，都是无法被认定为工伤的。

"一金" 是什么？

说完了"五险"，我们再来说说剩下的"一金"。

"一金"就是我们日常说的住房公积金，简称"公积金"。它是干什么用的呢？简单而言，"一金"就是给你买房子用的钱，或者说是跟住有关的钱。住房公积金也是由单位和个人按照同等比例共同缴纳的。城市不同，缴纳的比例也有差异。

公积金并不像医疗保险和养老保险一样有统筹账户。对于住房公积金来说，单位和个人缴纳的钱，全部都进入你的个人账户。

那么，这个住房公积金可以怎么用呢？

从名字上看，住房公积金一定是与房子有关。

首先就是买房子。

如果你够有钱，可以一次性全款买房不用贷款，那就可以把公积金里的钱一次性全取出来使用，而大部分人其实是需要银行贷款买房的。那么提取公积金就可以用来付首付，或者偿还本金和利息。

其次就是租房。

同样的，不同地区公积金每个月提取的标准也不同，比如以小湄所在的城市上海为例，每月提取的公积金最多不能超过 2000 元；而北京呢，只能每个季度提取一次，平均算下来的话，每月不能提超过 1500 元。

最后，公积金除了用于买房和租房，像在农村集体土地上建造、翻建、大修自有住房的，也可以使用。

话说回来，我们对公积金最常用的还是那两个功能：购房和租房。

有的小伙伴可能要问了：如果我不准备买房或租房，该拿这笔钱干什么呢？比如说像小湄，单位提供宿舍，虽然条件差了点，但是不用在上海租房，省了好大一笔生活开支。那交的住房公积金就这么放着不用，划算吗？

关于这个问题，分三种情况来看。

第一种：短期不打算买房的。

如果你不是不打算买房，而仅仅是短期内不买房，那么建议你这笔钱还是不要动。

因为在使用公积金贷款买房时，你能贷到的金额和你公积金账户里面的余额是有关系的。一般而言，公积金贷款的额度不得超过账户余额的 10 倍，账户余额不足 2 万元就按 2 万元算。比如说，小湄现在公积金账户里面有 3 万元，那么她向银行贷款的额度就不能超过 30 万元。

所以，如果你看着这笔钱觉得心里痒痒，办理了几次提取，拿出来消费了，那么账户里面的钱自然就少了。这样你以后如果要买房申请公积金贷款，很可能原来可以贷到 30 万元，而现在只能贷到 20 万元了。这就很可惜了，因为公积金买房的贷款利率是远低于商业贷款的。

如果你因提前支取行为，导致以后买房的时候拿不到足够的公积金贷款，多付的利息可是相当"肉痛"的，有点得不偿失！

第二种：长期不打算买房的。

长期不打算买房的，公积金放在账户里也不能生出利息，与其闲置着，不如提取出来。当然我不是鼓励大家肆无忌惮地消费，用来做点投资，或者拿来交房租，都是比较明智的选择。

第三种：公积金账户积存大量余额的。

当你的公积金账户已经积存了大量的资金，且远远高于你可以贷款的上限，这种情况下即使你打算买房，也可以把公积金提取出来。

举个例子，比如你公积金账户里有 5 万元，那么最多可以贷 50 万元；那如果你有 50 万元，就可以贷 500 万元了？

当然不是！

各个地区的公积金贷款额度都有一个最高上限。比如北京最多可贷 80 万元、上海 60 万元、广州 66 万元、深圳 90 万元。而像小湄这样在上海工作的小伙伴，如果公积金账户金额超过 6 万元，那就是浪费，可以提取出来。而在深圳的朋友呢，可贷金额相对高一些，如果公积金账户资金超过 9 万元，那就可以无压力提取超出的部分了。

除此之外，公积金贷款还有一些其他方面的要求。比如，购买第三套房很难贷出公积金；又比如，你的月收入、贷款期限、房屋价格、信用等级等条件，都会影响你公积金贷款的额度。

所以啊，公积金不是你想贷就能贷的，就是这个道理。

关于"五险一金"的内容，就聊到这里。怎么样？是不是对你每个月的工资门儿清了？

总结 & 行动

这一章主要讲了"五险一金"分别是什么以及怎么最大限度地用好"五险一金"。

本章的行为计划是：

1. 找到你上个月的工资条，仔细看下你每月交的养老保险、医疗保险、失业保险、生育保险、工伤保险和公积金各有多少钱？再算出你所交的"五险一金"的比率，对比一下按你所在城市的标准，是低了还是高了？

2. 登录你所在城市的公积金网站，查看一下你公积金账户的余额是多少。

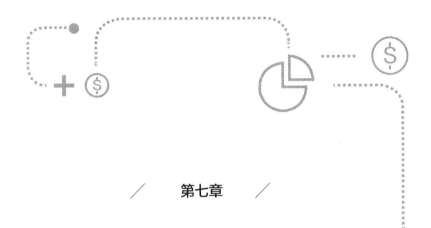

第七章

是时候"打劫"银行了

——稳赚不赔的国债逆回购

上一章我们说了"五险一金"，它和我们每个月的工资紧密相连，并且深深影响着我们未来看病养老、买房租房等各个方面。据我所知，不同地区对于"五险一金"某些细则的认定略有不同，如果大家有需求的话，最好到当地权威部门去了解一下。

　　从另一个角度来说，"五险一金"是政府宏观层面对弱势群体的保护，但只能保障最低程度的生活需求。我们只有掌握一定的理财技能和投资知识，才能达到自己想要的生活水准。

　　再说一件有趣的事。第五章我们讲了货币基金，大家可能对此有了一定的了解。那么如果我告诉你，我会提供一种服务，从 400 只货币基金里，每月帮你挑选出 7 日年化收益率最高的那只，供你每月购买和切换，这种服务全年只收 99 元，你会买吗？

　　我猜 90% 以上的人会买。即便不会买的人当中，也有 90% 的人只是因为定价过高才不买，并不是对这项服务有疑问。

　　对吗？

　　如果你的回答是肯定的，那真的麻烦你要记得认真阅读，坚持学习理财知识。因为你的答案大错特错！

简单说下（毕竟不是本章的重点内容），大部分货币基金的年收益都是差不多的，这当中差别非常小，小到几乎可以忽略不计。短期内，它们的收益可能会有不同，但短期收益高的货币基金在接下来的时间收益率就会下降。

如果每次都购买了 7 日年化收益最高的基金，这也就意味着你每次都买在了最高点，接下来就要面对下跌。等到好不容易这只基金跌到最低点要开始涨了，不幸的是，你又换到了另外一只高点的基金上。

苍天啊！这是每次都买在山顶，卖在山谷啊！但是 99% 的小白用户，都不明白这个道理！

怎么解决呢？很简单，选择短期收益率最低的产品，就可以保证你买在低点。

但这违反人性啊！

这不就是你来学习理财知识的意义吗？！

国债逆回购是什么？

各位读者，今天我们要来讲讲国债逆回购。这是个什么？没听过的人也许一脸茫然。

国债逆回购，听着超复杂，其实很简单，就是金融机构把国债抵押给你，找你借钱。

先简单解释一下国债。

国债其实就是政府向大家借钱。国家要建座桥、铺条路或者开个奥运会，大笔资金没有来源怎么办？那就发行债券。其实这跟你同桌没钱买最新款 iPhone，向你借钱是一回事。不同的是，国家的信用要比你同学的好，不还钱的概率基本为零。

国家借钱也要给利息，一般来说，借钱的时间越长，利息就越高。国债有 3 个月到期的，也有 5 年、10 年到期的。2013 年发行的国债，1 年期的利息大约是 3.7%、5 年期的利息大约是 6%。

简单地说，国债就是中央政府向各位借钱的借据，借据上约定了多长时间还钱、付多少利息等信息。因为有中央政府的背书，所以安全性非常高。企业、银行以及各类机构都会购买一定比例的国债，这是一项相当保险的投资。

简单来说，国债逆回购就是融资方想要现金，拿国债当抵押物，向投资方借钱。

具体操作

我们也说了，国债逆回购原理极其简单：就是一些持有大量国债的机构，在很缺现金的时候，把手上的国债抵押出去，向广大散户借点钱周转。

由于这些机构是拿最安全的金融产品——国债——来做抵押物，所以国债逆回购不会亏损，比余额宝还安全。

在节假日、季度末、年末的前几天，机构会特别缺钱，甚至愿意用 30% ~ 40% 的年利率来借钱。这时候，捡钱的春天也就来了。

此处注意一件事：上海证券交易所和深圳证券交易所要求的交易金额是不一样的，上海要求 10 万元起，深圳 1000 元就可以了。

那具体该怎么捡钱呢？

我们来做一个三步：

1. 开通账户；

2. 跨过门槛；

3. 具体操作。

第一步：开通账户。

想要操作国债逆回购，首先你得有个股票账户。很多小伙伴说：我又不炒股，才不要去开户！谁说股票账户只能炒股用呢？

股票账户不仅可以买卖股票，还可以交易债券、基金、国债逆回购等各种各样的好东西。这些以后我会慢慢告诉大家，在这一章我们就先讲国债逆回购。

那怎么开户呢？很简单，准备好身份证和银行卡，去证券公司柜台或者网上开户都可以。当然，我肯定推荐你用手机直接开户，基本上 10 分钟以内都搞定了。开通股票账户，无论是线下开户还是线上开户，都有流程指导，千万不要有畏难情绪！

可能又有同学要问了，那我怎么选开户券商呢？

这里我大概总结一下原则：服务好、网点多、佣金低。

一般而言，大一些的券商网点多，有些业务必须去柜台办理，没网点不方便。你开户后每一笔买入及卖出的交易都需要支付交易佣金，所以佣金是个不可忽视的成本，当然是越低越好。有的券商佣金万分之二点五，有的万分之三，最高还有千分之三的。差了整整 10 倍啊！很多人开户的时候就没注意这茬，后来才打电话去谈。另外，下载开户券商 APP 的时候，记得一定要去官方网站！小心小广告和木马病毒。毕竟你做的是投资，涉及的可都是真金白银！

好了，万事开头难。经过第一步开户这一关之后，接下来就是第二步了。

第二步：跨过门槛。

上海证券交易所和深圳证券交易所门槛不同。

上交所 10 万元起，增加份额必须是 10 万元的整数倍。假如你有 15 万元，也只能购买 10 万元逆回购。

深交所则是 1000 元起购，增加份额也是 1000 元的整数倍。

列个表格，一切就清楚了，具体如下表所示。

上交所与深交所交易区别

交易场所	代码	起始金额
上海证券交易所	204 开头	10 万元
深圳证券交易所	1318 开头	1000 元

好了，有了股票账户，也达到了资金要求，接下来就是具体操作了。

第三步：具体操作

国债逆回购有 1 天、7 天、14 天，甚至还有 182 天期限的，具体的天数体现在代码上。比如说 1 天的国债逆回购，上交所的代码就是 204001，14 天的就是 204014，182 天的就是 204182。

深交所的逆回购，规律就没有这么明显了。上表中可以看到，深交所国债逆回购的代码是 1318 开头的，1 天期的代码是 131810，7 天的是 131801，14 天的是 131802。

两个交易所所有的国债逆回购代码都在下面的表格中，你可以看看。

上交所国债逆回购品种

上交所国债逆回购	代码
1 天国债逆回购（GC001 期限）	204001
2 天国债逆回购（GC002 期限）	204002
3 天国债逆回购（GC003 期限）	204003
4 天国债逆回购（GC004 期限）	204004
7 天国债逆回购（GC007 期限）	204007
14 天国债逆回购（GC014 期限）	204014
28 天国债逆回购（GC028 期限）	204028
91 天国债逆回购（GC091 期限）	204091
182 天国债逆回购（GC182 期限）	204182

深交所国债逆回购品种

深交所国债逆回购	代码
1 天国债逆回购（R－001 期限）	131810
2 天国债逆回购（R－002 期限）	131811
3 天国债逆回购（R－003 期限）	131800
4 天国债逆回购（R－004 期限）	131809
7 天国债逆回购（R－007 期限）	131801
14 天国债逆回购（R－014 期限）	131802
28 天国债逆回购（R－028 期限）	131803
91 天国债逆回购（R－091 期限）	131805
182 天国债逆回购（R－182 期限）	131806

具体如何购买呢？

第一步，登录股票软件，查找 131810 这个品种，也就是深交所 1 天国债逆回购。

第二步，进入对应页面，点击下面的"立即参与（卖出）"。

逆回购与买股票、基金不同的是：你要点击"卖出"，而不是"买入"。

为什么呢？第一次接触的小伙伴可能比较难理解这点。其实这就相当于我们把我们的钱、我们的资金以一个价格"卖"出去。

第三步，选择报价，成交价格是每百元的年化收益，这个数字越高对我们越有利。在委托价格上，我们可以按照五档行情选择成交价格，也可以自己填写。成交数字是多少，对应的年化收益率就是多少。

如果要确保成交，我们卖出的价格要跟"买一"一样。例如 3% 是"买一"，这就表示，现在有人愿意付出 3% 的年化收益率来跟你借钱。如果 3% 这个收益率你接受，那么，输入这个"买一"的收益率，收益率就锁定了。当然，要是"买一"收益率有 10%、30% 的话，那就更要抢啦。第二天上午 9 点之前，我们就可以收回本金加利息。

通常来说，越是接近 15：00 股票收盘时间，国债逆回购的收益率就越低。

为什么呢？因为很多人股票里的钱，如果在收盘前不买股票了，那就等于白白放着了，还不如投资一点国债逆回购，反正第二天就能拿到钱，也不影响股票交易。于是乎，"卖出"的人多了，需求方减少，收益率也就没那么高了。

第四步，填写"参与金额"，每次加减以 1000 元为单位。

另外，国债逆回购的清算方式为"一次交易"。也就是说，按照我们之前的几步"卖出"自己的钱后，资金到期了就会自动回到我们的账户里。也就是一次性解决了"买"和"卖"，省心。

第五步，确认成交。申请了"卖出"之后，最好点击一下"委托"，看看是不是真的申购成功了，若标注为"已成"则代表确实申购成功了。如果没有成功申购，也可以撤销，重新再操作一遍。

到此，国债逆回购的具体操作就完成了。是不是没有想象的那么难？

使用技巧

除此之外，还有几个小窍门要分享给你：

第一，选短的，别选长的。

通常来讲，1 天、2 天、3 天、4 天和 7 天，这些是短的；而 14 天、28 天、91 天和 182 天，这些属于长的。

为什么选短不选长呢？很简单，长的收益率低呗！一般情况下，长周期的国债逆回购的收益率都不太高，甚至低于同期的银行理财产品，这么折腾一通，结果还不如买余额宝省事，何必呢？

所以，我们普通人瞄准 1 天、2 天、3 天、4 天和 7 天这几个就够了。

第二，上交所的逆回购门槛高。

还记得我们之前说的吗？上交所逆回购的门槛高，要 10 万元。与此同时，优点就是，同样周期的品种，上交所的收益率会高一些。所以，如果你是几十万元的大户，可以在上交所和深交所进一步做比较。

第三，国债逆回购到期了，钱是到账当天可用，第二天（T+1）可以取现。

如果你的钱是周五到期，那么钱虽然回来了，但周五是不能取出来的，只能等到周一。如果碰上个端午、清明小长假或者是春节，那一定要提早打算。

打个比方，如果我在 9 月 29 日借出去 10 万元，1 天期，假如年化利率是 30%，扣掉手续费后（是的，逆回购也是有手续费的！）可以拿到 80 多元的利息。

正常来说，钱 30 日到账，10 月 1 日可以提现。但因为 10 月 1—7 日号是国庆假期，是非工作日，所以直到 8 号，你才能把钱取出来。同样的利息，从借 1 天变成了借 8 天，还是拿 80 元的利息，年化利率一下子从 30% 降成了 3.6%，一点都不吸引人了。

那么，我们成功申购一笔国债逆回购之后，具体的收益到底怎么计算呢？

这里我给你举个例子。例如，还是刚才 131810 这个品种，我们成功地"卖出"10万元，成交后是 30% 的年化收益率，那么你的收益是多少？我来给你算一算：

收益 $=100000 \times 30\% \div 360 = 83.3$ 元

佣金 $=100000 \times 0.00001 = 1$ 元

回款 $=100000 + 83.3 - 1 = 100082.3$ 元

实际对应的年化收益率 $=82.3 \times 360 \div 100000 = 29.63\%$

29.63% 的年化收益率，10 万元 1 天也就 82 元多，没有感觉很多啊！其实，国债逆回购相当于一个超短期的理财产品，其安全性非常高。所以，白捡的钱，不要白不要！

提醒功能

那么，我们怎么知道什么时候有机会呢？这种 30% ~ 40% 的机会虽然只有一两天，但是错过了也会觉得很可惜啊！不用担心，很多券商 APP 都自带提醒功能，相当于闹钟，操作也很简单。

1. 找到 131810，点击页面上的"预警提醒"（有的叫"股价提醒"）；

2. 在提醒里，设置你期望的数字。

在机会出现的时候，系统就会自动提醒你。

再也不用担心错过国债逆回购了！

总结 & 行动

恭喜你，在这一章学习了国债逆回购这个专业的投资工具。你看这本书的时候，可能不是年末、月末或者季末，也没有高收益的国债逆回购可以申购。不过没关系，投资最关键的是什么？耐心！

本章的行动是：

1. 开通一个股票账户。如果你已经有股票账户了，那么很好，直接进行第二项操作。

2. 打开股票账户，找到 131810，设置一个预警提醒。

/ 第八章 /

从月收入 1000 元到月收入 1000 万元
都适用的理财方法

——基金定投的那些事

什么是基金?

讲基金定投之前，我先来讲讲什么是基金。

基金创立之初只是富人的投资工具，但现在变成了普通人的投资工具。由于投资是一件相对专业的事情，很多人并不具有相应的投资知识，况且大部分人还需要工作来养活自己，也没时间或者精力来学习投资知识。所以大部分人都愿意把钱交给专业的基金公司和基金经理，由他们来进行投资。

故事说到这里，我来总结一下：

1. 买基金其实就是把我们的钱交给基金公司，由基金经理来帮我们投资；

2. 投资者的钱一般托管在银行，安全性还是有保障的；

3. 随着基金业近年来的蓬勃发展，基金已经成为普通人重要的投资工具之一。

基金的种类

本书前面章节里讲的余额宝，也是基金的一种，忘了的同学请自觉重温。除了货币基金，常见的还有债券基金、股票基金和混合基金。其实基金本身并不能算一种投资对象，它只是把不同的投资对象放在了一起而已。

债券基金，就是把 80% 以上的资产投资于债券的基金，包括国债、地方政府债和企业债等。当然，它也会把很小一部分资产用于投资股票、可转债，甚至用于打新股，通过这些方式来提高整个债券基金的收益。

股票基金，是把 60% 以上的资产用于投资股票的基金。

混合基金，它是以股票和债券为投资对象，但是并没有明确的投资方向。我们可以根据其资产比例及投资策略分为偏股型（股票稍微多一些，但是还达不到股票基金的标准）、偏债型（债券稍微多一些，但是又达不到债券基金的标准）、平衡型（基本上是对半比重）和配置型（股票和债券的比例随着市场的情况做调整，股市好的时候股票多一点，股市不好的时候债券多一点）。

总之，混合型基金可以用一句话来形容——不够专一。不过它的"不专一"也让它的收益会比债券基金高一些，比股票基金低一些。

基金里还有很多其他品种，有一种基金叫作房地产基金。通过房地产基金，你不仅可以买香港的房子、美国的房子，还可以买新加坡的房子、泰国的房子和日本的房子。

不过，大家接触最多的基金，除了余额宝这种货币基金，还是股票基金。本章主要就是要跟大家推荐一款非常适合零基础人群投资的股票基金，它的名字叫指数基金。

对于指数基金你或许听起来觉得陌生，但它却是各国的投资大师都乐此不疲的推荐对象。

沃伦·巴菲特，人称"股神"，在 1965—2006 年，他管理的投资公司伯克希尔－哈撒韦公司净资产的年均增长率达 21.46%，累计增长 361156%。这是什么概念呢？给你打个比方吧。如果你一开始拿着 10 万元跟他投资，那么过了 42 年，你的总资产已经超过了 35 亿元。

如果你这 10 万元买的是房子，42 年里，能涨到 35 亿元吗？

是的，你没有听错，"股神"之所以被称为"股神"，就是因为他通过投资，赚取了普通人难以想象的收益。但是这位"股神"曾经立下遗嘱，白纸黑字写明了，自己去世之后，请家人把他 90% 的资产用于投资指数基金。

指数基金有什么魔力呢？

所谓指数基金，就是复制整个指数，不需要你自己花太多精力来做选择。比如说你觉得巴菲特是"股神"，他的投资肯定错不了，所以你干脆就复制巴菲特的投资，他投什么，你跟着投什么，他赚钱了，你就跟着赚钱，他赔钱了，你也跟着赔钱。这就是指数基金的原理。

你复制他的投资，前提是相信"股神"最终会赚钱；相应的，你投资中国的指数基金，也是相信中国经济会一直发展，市场终究能让你赚钱。所谓买指数基金就是买国运，说的就是这个道理。

很多人觉得中国股市不靠谱，但是通过定投指数基金，是可以在中国股市获得不错收益的，我们用数据说话。

近 5 年 A 股市场最大的一只指数基金——沪深 300 指数，你定投 5 年，获得的收益有 50%。也就是说，如果你有 10 万元，那么你赚的收益就是 5 万元，听起来是不是还挺不错的？

除此之外，指数基金的优势远不止于此。

首先，投资指数基金，不需要你有很多钱。只要你有 100 元、500 元，就可以开始投资。

其次，投资指数基金，不需要你花很多时间。只要你学会了一个策略，以不变应万变，就能获得和"股神"相似的收益，简直是上班族必备的投资技能，没有之一！

最后，获取这些收益，不用每天守在电脑前关注数据变动，也不用阅读大量的资讯、听各种专家云里雾里的分析。你只需要学会指数基金的原理，然后每个月投资一笔资金进去，长期持有，安安心心地赚钱。

基金定投的定义

指数基金那么多好处，那要如何投资呢？

其实我们买基金，有四种方法：

第一种，一次性投资。如果你手头有 10 万元，现在打算投资基金，你可以一次性用这 10 万元买入某一只或者某几只基金。

第二种，不定期投资。有钱就买，没钱就不买。

第三种，定期定额投资。每周固定某天投资某只基金 500 元，或者每月固定某天投资某只基金 2000 元。不管这个时候这只基金的净值是多少，是涨还是跌，只要到了定投日就雷打不动地买。

第四种，定期不定额投资。你的投资日期是固定的，但是你的投资金额会变，主要是根据基金的涨跌来调整。如果基金净值下跌，就多买入一些，如果基金净值上涨，就少买入一些。

上面介绍了四种方法，前两种肯定都不能叫作定投。一般人所说的基金定投，指的是第三种，也就是定期定额投资，而第四种则是在标准版定投基础上衍生出来的升级版。

这里再强调一点，定投只是投资的一种方式。其实我们每个人，不管有没有自己投资过基金，每个月都在定投。举个例子，我们之前讲过的"五险一金"，就是每个月从工资里扣除一部分，然后另一部分由单位帮你交，等到你退休了或者要买房子的时候，把这部分钱取出来，这是一种典型的定期定额投资。

基金定投的优势

为什么说基金定投最适合普通人呢？因为基金定投的好处实在是太多了！

首先，强制储蓄，告别月光。

如果你做基金定投，你就要设定一个固定的投资周期，比如一个月一次。然后，你每个月的这一天，就要把一笔钱投入一只指数基金。假设你每个月 15 号发工资，你可以设定 16 号进行基金定投的扣款，这样既可以达到强制储蓄的效果，也可以实现资金增值。

其次，操作简单，省时省力。

定投指数基金，你既不用每天盯着股市，也不用时刻想着这一刻是赚了还是赔了，因为你知道，只要使用了正确的定投策略，坚持定投，你就能获得合理的投资收益。你需要做的，就是制定定投计划，严格执行。

最后，摊薄成本，利润升高。

基金定投最重要的一个优点，就是摊薄成本。打个比方，假设现在正是草莓上市的时节，你是一个水果店的老板，草莓的市价可以卖到 25 元 / 斤，你也打算批发草莓出售，可是草莓的批发价波动很大，今天 20 元 / 斤，过几天因为产量增加，变成了 15 元 / 斤，再过几天变成了 18 元 / 斤。如果你在 20 元的时候进货，一斤草莓就只能赚 5 元，但如果你能在 15 元的时候进货，一斤草莓就能赚 10 元。最理想的状态当然是在草莓批发价 15 元的时候进货，20 元的时候就不进货了。但问题是，我们没办法事先得知草莓什么时候最便宜、什么时候最贵。

于是，你采取了另外一种策略。在草莓批发价 20 元、15 元、18 元的时候各买入 100 斤草莓。结果，平均每斤草莓的成本是 17.7 元，这样你的平均成本就降低了。成本降低，最后的利润不就提升了？

操作方法

该去哪里购买定投基金呢？

这里，我先给你列举一下常见的指数基金代码。

常见指数基金代码

	场内	场外
上证 50	华夏上证 50ETF（510050）	易方达上证 50（110003）
沪深 300	华泰柏瑞沪深 300ETF（510300）	嘉实沪深 300ETF 联接（160706）
中证 500	南方中证 500ETF（510500）	南方中证 500 联接（160119）
创业板	易方达创业板 ETF（159915）	富国创业板指数（161022）
红利指数	红利 ETF（510880）	富国中证红利（100032）
H 股指数	易方达 H 股 ETF（510900）	易方达 H 股 ETF 联接（110031）
恒生指数	华夏公司的恒生 ETF（159920）	汇添富恒生指数（164705）

有的小伙伴会问了，上证 50、沪深 300，都是什么啊？

A 股市场主要有 5 个指数，分别是：上证 50 指数、沪深 300 指数、中证 500 指数、创业板指数和红利指数。

上证 50 指数，是由上海证券市场规模大、流动性好、最具代表性的 50 只股票组成，反映的是上海证券市场最具市场影响力的一批龙头企业的整体状况。

沪深 300 指数，是从上海和深圳两个交易所挑选出来的、由 300 家大型上市公司所组成的国内影响力最大的指数。

中证 500 指数，专门选择中小型的上市公司，包括了 500 家企业。这 500 家企业是怎么选出来的呢？排名前 800 家的上市公司，前 300 家入围了沪深 300 指数，而剩下的 500 家则成了中证 500 指数。

创业板指数，专门选择在创业板上市的中小型企业。这些企业由于规模不够大、盈利也不够多，被主板上市的门槛挡在门外，于是就退而求其次，选择在创业板上市。投资创业板股票，一般开户的时候是需要额外申请的，因为它本身的风险更高。

红利指数，是由高分红的企业组成的指数，分红来自每年公司的净利润。

除了 A 股市场，境外也有指数。比如，美国的标普 500 指数和纳斯达克 100 指数，香港的 H 股指数和恒生指数。我们可以直接通过国内的账户来投资境外的指数基金，但要算上汇率的差价。

H 股指数，又被称为国企指数。国内的企业如果选择在香港上市，就属于 H 股。

恒生指数，是按照一定标准在港股上市公司中选择 50 家组成的指数，是香港股市最有影响力的指数，和我们的上证 50 相似。恒生指数里有很多我们熟悉的公司，比如中国移动、工商银行、腾讯、中国石油等。

第五章我们讲过场内场外基金，场内就是在股票市场里买，场外就是在银行、第三方平台上买。

场内基金定投，先在交易菜单的"银证转账"处把钱从银行卡转到证券账户中，在交易菜单中点击"买"，输入你要买入的基金代码，比如 510300。系统会自动告诉你买入价格和现有资金能够买入的份数，按照这个默认的价格买入即可，买入之后在"委托成交"里检查是否成交。

这里需要注意的是，在场内购买基金需要在交易时间进行。什么是交易时间呢？每周一到周五的工作日早上 9 点到下午 3 点，周末、国家的法定节假日除外。

场外以蚂蚁聚宝 APP 为例，这里简单讲述一下买入的过程。

打开蚂蚁聚宝，可以选择用支付宝账号直接登录，然后选择自选，场外沪深 300 的代码是 160706，输入后选择买入。如果是第一次使用蚂蚁聚宝购买基金，则需要先进行风险测试。

蚂蚁聚宝也提供定投的选项，还包括普通定投（定期定额）和"慧定投"（定期不定额）。下一章我会讲到一些定期不定额的投资策略，所以，先不要着急投资噢。

总结 & 行动

这一章我们学习了什么是基金，什么是指数基金，指数基金定投有哪些优势，定投有哪几种方法。怎么样，你掌握了吗？

本章的行动计划是：

1. 学到基金的投资方法，是不是很激动？那么，按照今天给你的指数基金代码，在场内和场外各选一个指数基金，看一看它们目前的价格是多少？

2. 梳理一下每个月的工资和消费金额，给自己制定一个定投计划，每月拿出多少钱来定投呢？

第九章

人人都能变成基金经理

——建立自己的基金组合

基金定投怎么买卖？

上一章我故意留了一个关键点没有说，指数基金该怎么买卖呢？

具体在什么价位进行定投，差别还是很大的！

这就需要我们知道哪些指数基金是被低估的。虽然说指数基金定投是看国运，只要相信长期看来经济是往好的方向发展，那就能够赚钱；但是赚多赚少，那就要看策略了。在定投的过程中，不仅买入的时间很重要，卖出的时间一样重要！

有些人可能会觉得，只要赚钱了就可以卖出了呀！就算只赚了10元，那也是赚到了！不过，赚10元就卖掉，那估计只够交手续费的。白白在股市里折腾了一圈，还不如放银行里呢！那具体要怎么投呢？且听我慢慢道来。

回想2015年，很多股民还心有余悸。股市先是疯狂上涨，紧接着下跌得猝不及防。

举个例子，如果你在2015年1月1日大盘3215.33点的时候投资3万元，那么到6月12日的时候，股市达到5178.19点，你的3万元就变成了将近5万元，资金上涨幅度超过了60%。

但如果你在错误的时间进入，比如在5000点的时候，你相信10000点不是梦！假设你在这个时候再投入了5万元，那么1个月后，你的资金就只剩下3万多元了，相当于之前的钱都白赚了。

如果你这时候退出股市，那么你还算比较幸运，七亏二平一盈，你属于那20% 平的人。如果你继续死扛，很快你就会变成亏钱的人。

当时的绝大多数股民，都是赶在4000 多点接近5000 点的时候进入股市的。最后的结果只有两个：一个是割肉退出，另一个就是被套牢。

而造成这种结果的原因，就是赶在贵的时候买入，也就是通常所说的"高位接盘"。所以，基金定投还是要用策略。

正如上章举过的买草莓的例子，如果我们能够在草莓15 元的时候多买一点，30 元的时候少买一点，不是会更好吗？这个就是买入的时机问题。而如果不懂得卖出，就算你15 元买入，30 元你仍不卖，那等到草莓跌回到15 元，不是很可惜吗？

大部分投资者受到从众效应的影响，高买低卖。在牛市股票大涨、人人杀红了眼的时候，争先恐后进场；等股票大跌了之后，眼见反弹无望，不得不含恨便宜卖出。

你不信？看看下面统计的股票开户数据吧。

每一个股民都知道要"低买高卖"，但从下面这个"2000—2014 年新开 A股账户数"的图中可以看出，大家也只是心里清楚道理，行动却往往控制不住自己。

虽然说只要经济发展了，股市就会长期向上，但股市也具有明显的周期性，逃不出"盛极转衰，否极泰来"的道理。涨多必跌、跌多必涨，而广大股民却总是高买低卖、追涨杀跌。

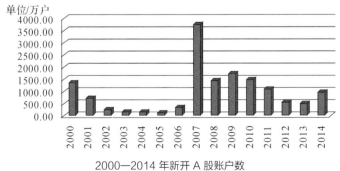

2000—2014 年新开 A 股账户数
（图片来源：《中国证券登记结算统计年鉴2014》）

如何取得超越大众的成绩呢？那就只有逆大众而行了。也就是说，我们要做到"反人类"。大部分的人只看得到眼前的利益，然而最后赚到钱的人无一例外都是预见了未来的收益。

那我们要采取什么策略超越大众呢？很简单，低买高卖。

什么是低买高卖？就是在低点进场买入，坚持定投，越跌越买；在走向高点时逐步卖出，等待下一个低点再次买入。

之所以如此操作，原因如下：

首先，中国的股市和美国的股市表现有些不同。

大部分股民都说美国的股市是"熊短牛长"，中国的股市是"熊长牛短"。所以，当你持有的定投份额在高位的时候，一定要赎回，就算不是全部赎回，至少要部分赎回，也就是给自己设置一个"止盈点"。

什么是"止盈点"呢？比如你设置一个目标，当你的基金上涨 30% 的时候，你就赎回，或者停止定投，这样就能把账面盈利落袋为安。一旦股市由高位开始下跌，也不会亏损太多。

其次，坚持定投，摊薄亏损。

如果你和 2015 年的许多股民那样，资金被套牢，那么解套的方法除了等待，就是加仓，也就是说继续定投。用每个月定投的金额，来摊薄你之前的亏损。指数会慢慢涨上去，你的钱也就慢慢赚回来了。

最后强调一下，定投是一个长期投资，一般要经历一个股市周期，至少 3 年，甚至可以长达 20 年。所以你进行基金定投的资金，一定要确保未来 3 年以上不会用到，这样你才有足够的耐心和底气与市场慢慢较量。

四步定投法

至于基金具体怎么买，这里有一个简单易懂的四步定投法。这个方案解决了该拿多少钱定投、如何定投和如何在定投的过程中做好资产配置等问题。只要照着做，你就能轻松通过定期不定额的指数基金定投，获得每年15% ~ 20% 的高收益率。

当然这个收益是从长期来看的，可能有些年份收益高，有些年份收益低，所以别傻傻地以为每年就一定能赚15% ~ 20%！

第一步：盘点自己的资产状况，确定自己有多少闲钱可以用来投资。

比如说小花，一个25岁的单身女青年，虽然月收入不高，但是和几个同事一起租房住，公司还能补贴一部分房租。平时中午在公司吃饭，晚上有时候叫外卖，有时候大家一起做饭，开销也不是特别大。两年下来她攒了5万元的积蓄，一直放在余额宝里。

那是不是说，小花这5万元能全部用来投资呢？当然不是！

在投资之前，我们首先要考虑的是给自己留足应急金，这笔钱的数目应该是3 ~ 6个月的生活费。假设小花每个月的开支是3000元，那就应该留9000 ~ 18000元的生活费。

究竟要留几个月的应急金，可以按照以下标准来确定。如果你工作稳定，收入也稳定，可以考虑留3个月；如果你的工作不太稳定，收入也是时高时低，建议你多留几个月。毕竟应急金最大的用处是帮我们应对生活中各种突发需要用钱的情况，比如意外、生病和失业等。

小花现在的工作和收入都比较稳定，她决定留10000元作为应急金。这笔钱她放在余额宝里，方便随取随用，还能每天拿点利息。如果你担心放在余额宝里被自己花掉了，那放其他的货币基金也是可以的。另外很重要的一点是，如果某个月因为某种原因花掉了一部分应急金，一旦有钱就要第一时间补回去，保证自己的应急金维持在正常水平。

剩余的40000元，小花打算留5000元为自己配置商业保险，剩下的35000元用来做投资。至于为什么需要保险、配置什么保险，这些内容我会在保险的章节里讲到。

这 35000 元，小花是不是就能全部用来投资指数基金呢？也不是！

小花首先要做的事情是，根据一个简单的公式来进行资产的分配，确定多少比例的资金投入高风险的投资中。指数基金是投资股市的，属于高风险投资。

这个公式就是：投资到高风险的资产比例 =100–投资者当前的年龄。

小花今年 25 岁，代入公式，小花可以把 75% 的钱投资到高风险资产中，另外 25% 的钱投资到低风险资产中。

这个公式是基于投资中最基本的一个原理：随着年龄的增加，我们承担风险的能力会越来越低。一个 25 岁的年轻人，客观上能够承担的风险比一个 75 岁的老人更高。当然，如果你觉得自己在投资上相对保守，也可以考虑把这个公式中的 100 替换成 80。

可以选择的高风险资产有：股票、主动投资的股票基金和被动投资的指数基金；低风险资产有：债券基金、货币基金等。

在高风险的投资品中，小花选择了指数基金，在低风险的投资品中，小花选择了货币基金。小花觉得自己还年轻，也愿意承受一定的风险，于是把 75% 的资金用于投资指数基金，25% 的资金用于投资货币基金。经过计算，数额分别是 26250 元和 8750 元。有些读者可能不太理解为什么要做资产配置，资产配置的意义在后面的章节会详细解释。

这 8750 元可以一次性买入货币基金，货币基金收益稳定，可以一次性投入。当然，低风险资产也可以选择债券基金。前面我们提过，刚刚入门的小伙伴可以选择优质的纯债基金。

确定好已有的资金有多少可以用于投资之后，我们还需要确定每个月的结余有多少可以用于定投，这部分可是定投最主要的资金来源。

小花早就摆脱了月光，每个月能够固定结余下 2000 元。按照之前的计算，

75% 的钱用于定投指数基金，25% 的钱放在货币基金。也就是说，小花每月可以定投 1500 元的指数基金和 500 元的货币基金。

如果你是一个连月光都还没有摆脱的人，那还远不到定投这一步，建议你先按照记账—分析开支—调整支出—储蓄的步骤，摆脱月光。等你每个月能够固定结余一笔钱，再来谈定投的事。

第二步，选择我们要投资的基金。

这里引入一个概念：长投温度。它是由长投学堂计算出来的、用于衡量指数是贵还是便宜的指标。长投温度是通过指数当前市盈率和市净率在历史数据中的动态分布值，相加求平均得出的数值。

我们来解释一下它的原理。比如你去一个遥远的欧洲小镇旅游，这个小镇的特产是巧克力。既然来了，你当然要买点特产带回去。这时你进到一家店里，店员告诉你巧克力 200 元一盒，你当然无法判断这价格是贵还是便宜。

但是如果店员告诉你，在过去的 100 天里，只有 5 天的价格是比 200 元更低的，你就很容易分析出现在的巧克力处于低价。这个 "5" 就是巧克力的价格指数，属于寒冷。换言之，另外 95 天里巧克力都比 200 元贵。如果店员说，过去 100 天里，有 95 天的价格都比 200 元便宜，那就说明现在并不是一个好的买入时机。

股市的道理是类似的。只是长投指数的数据远不止 100 天，而是过去数十年的统计。

比如 2016 年年初，国企指数只有 9 度，此时正是投资的好时机。

再比如 2015 年 5 月，沪深 300 指数达到了 60 度的警戒温度，进入了高温危险区域。

那到哪里去查看长投指数呢？方法和数值都是现成的，你可以关注 "长投学堂" 微信公众号，查看菜单 "长投温度"，每周都有更新。

根据 "低买高卖" 的原理，贵的时候逐步减少投资的金额，甚至不投；便宜的时候克服恐惧心理，勇敢地买、买、买，让自己买入的成本更低。只有这样，在指数上涨的时候，我们才能赚得更开心。

每个指数都可以根据数据来计算出相应的温度。温度的范围在 0 ~ 100 度，温度越高，说明这个指数越贵；温度越低，说明这个指数越便宜。

0 ~ 10 度，寒冬，等待春天到来；

10 ~ 20 度，初春绽放；

20 ~ 30 度，春暖花开；

30 ~ 40 度，酷暑；

40 ~ 50 度，高温；

……

>90 度，水要沸了。

所以，你只要找出温度最低的那个指数，然后追踪这只指数基金，进行定投即可。

通常来讲，50 度以上属于高温，这个时候我们就要停止定投，把已经投入的资金撤出一半。比如你一直定投一只基金，里面有 3 万元，当温度高于 50 度的时候，就应卖出 1.5 万元；超过 80 度，那就要毫不犹豫地全部卖掉，把盈利落袋为安。

可能有的读者又要问了，那撤出的资金这个时候该投资什么呢？

别忘了，你还有货币基金呢。等到下一次的温度达到 0 ~ 10 度的时候，你再把资金投入指数基金就可以了。

这样做可以强制你在基金最便宜的时候，尽可能地买入最多。而等到基金开始上涨的时候，购买的成本也会逐渐增加，那就需要相应地减少购买的份额，甚至不买。

用这套方法去投资，就能完美地做到定投里最重要的一点——止盈不止损。

第三步，定投过程中的注意事项。

1. 给定投日设置提醒，坚持定投

因为需要手动定投，还需要确定定投金额，有时候还要更换定投的基金，一忙起来就很容易忘记定投这件事。

解决方法就是在手机里给定投日设置提醒，让自己能够按照策略坚持定投。定投的意义在于坚持，如果你坚持3个月、中断5个月，那就没有任何意义了。

2. 定投中不要加入主观判断

有些小伙伴在该定投的日子，打开证券软件一看，指数跌得很厉害，忍不住会想：会不会继续跌啊，要是一直跌怎么办，我真的要投吗？如果指数涨得不错，就会想：哎，最近涨势不错，要不要多投点呢？要是错过这一波上涨，多可惜啊！

这种心理活动是定投的大忌！如果任由自己的主观判断影响了定投的执行，结果往往是得不偿失的。在投资的过程中，最重要的事情就是遵守投资纪律，克服人性的贪婪和恐惧！

3. 定投赚到的钱不要随便用掉

定投过程中赚到的钱千万不要随随便便用掉，而是应该作为投资本金继续投资。这样日积月累，我们就能体会到复利的力量。除非达到了我们的投资目标，那就可以卖掉基金，取出这笔钱了。

你是不是会纠结：每月定投和每周定投哪个更好？

其实长投温度每周更新并不是为了让大家每周定投，而是因为每个小伙伴设置的定投日是不一样的。有些人月底发工资，会选择月初定投；有些人月中发工资，会选择月中定投。

我直接给出结论：不建议每周定投。

为什么呢？理由有两个：

第一，根据数据回溯，每周定投和每月定投的效果差不多，并不会因为频率提高了，收益也提高；

第二，如果要每周定投的话，一个月要定投 4 次，那需要投入的时间和精力也会成倍增加，但是付出和收益却不成正比，何必呢？光是每月定投就有很多小伙伴会忘记，更不用说每周定投了。

第四步，动态平衡。

什么是动态平衡？在定投开始的时候，我们要用一个简单的公式来确定用多少比例的资金投资高风险资产、多少比例的资金投资低风险资产。随着投资的不断进行，我们的高风险资产和低风险资产的比例会发生变化。有可能高风险资产占比越来越高，低风险资产占比越来越低；也有可能在很长一段时间内股市表现特别不好，高风险资产的比例会缩水，低风险资产的比例会增加。

假设小花定投 1 年之后，发现自己高风险资产和低风险资产分别达到了 80% 和 20%，相比原来的 75% 和 25%，高风险资产的比例提高了 5 个百分点。这时候小花就要卖出 5% 的指数基金，把这部分钱放在债券基金或者货币基金中。这就是资产的动态平衡。

为什么要这么做呢？

首先，随着高风险资产的比例越来越高，小花要承受的风险也越来越大，这已经超出了她的风险承受能力。

其次，动态平衡是让我们做到"低买高卖"的另外一种方式。如果股市跌得很厉害，你的股票类资产占比会越来越少，你就需要投入资金买入股票类资产；如果股市涨得很厉害，那你就需要卖掉一部分股票类资产，买入低风险资产。

在市场中，人们往往舍不得卖掉上涨的资产，总是期待它能涨得更高。而当某个资产下跌的时候，即便理智上大家可能会意识到这是一个好的机会，但是因为恐惧，没有几个人能够真正做到果断买入。

严格遵守动态平衡规则的人正好在不自觉间实现了"低买高卖"。当指数基金一跌再跌，在你的资产占比中越来越小，你就得不断地补仓，买入更多的指数基金。这样当牛市来临的时候，你就比那些入市晚的人有了更大的优势。由于你买入的价格低、成本低，也就能获得更大的收益。遇到牛市的时候，别人都在一个劲地追涨，可是你却卖出指数基金，买入了低风险资产。所以当熊市来的时候，你的损失也会比别人少。

资产的动态平衡多久做一次合适呢？一年一次就可以了。在每年年底的时候，你可以对自己的资产做一个盘点，检视一下自己今年的投资成果，对资产的比例进行调整，完成一次动态再平衡。

到此为止，简单的"四步定投法"就顺利结束了。

怎么样，你掌握基金定投策略了吗？

总结 & 行动

我们在这一章学习了基金定投的方法以及适用于大多数人的四步定投法。怎么样，你准备行动起来了吗？

本章的行动计划是：

1. 按照"四步简单定投法"，根据自己现有的存款和每月工资，确定能用来基金定投的金额，然后参考"长投温度"，选择 1~2 个温度最低的指数定投。

2. 为自己设置一个每月定投的日期，然后开始定投！

/ 第十章 /

当你买 P2P 的时候，你在买什么？

——P2P 背后的故事

认识 P2P

经常有人给我公众号后台留言，或者私信问我："水湄姐，×× 平台的 P2P 靠不靠谱啊？收益承诺很高呀！而且还说绝对保本、保收益。"

P2P 这两年频频出现"跑路"的消息，已经让很多人开始警惕了。即使这样，还是有很多微信公众号在推荐 P2P。

除了这些明摆着是广告的推荐文章，更让我吃惊的是，一些被公众视为对投资具有专业知识的人，也私下买了一些 P2P 产品，甚至好死不死地买了倒闭网站的产品，最后血本无归。

说 P2P 都是骗子确实言过其实。但我个人觉得，大部分 P2P 公司是把咳嗽糖浆包装成保健神品的营销公司。

举个例子，一个朋友向你借钱，你肯吗？

你可能会说："那要看这个朋友有多熟。"

我说："借钱的人是你大学同学的前同事的八姨婆的外孙，你借不借？"

你说："那当然不借啊！"

我继续说："除了关系完全八竿子打不到之外，他之前还参与过赌博，骗过他八姨婆的钱，你借不借？"

你斩钉截铁地说："不借！"

我说："P2P 网站上，一个你根本不认识的人（或公司）向你借钱，你怎么就借了呢？

你说："因为介绍人（P2P 公司）许诺了 15% 的利息。"

我笑着说："你看重的是他的利息，他看中的是你本金。如果连本金都存在损失的可能性，那么利息又有什么用呢？"

P2P 到底靠不靠谱？

第一，网贷有不良资产。

2017 年 7 月 27 日，老牌 P2P 企业红岭创投，宣布退出 P2P 业务。

红岭创投是哪一年成立的呢？ 2009 年 3 月，算是 P2P 的第一波。它的官网宣称资金交易量是 2700 亿元。退出原因是：网贷有不良资产，却没有利润，不是它擅长的领域。

听到这里，你还觉得成立时间长、相对老牌的 P2P 就靠谱吗？

第二，高额的广告费。

P2P 的广告铺天盖地、轮番轰炸，除了微信公众号，一些当红连续剧中也插播了 P2P 的广告。

你想过没有，这些广告费由谁来买单？！

肯定会有人反驳我："哪个公司不做广告？哪个公司的广告不算在成本内？"

没错，每个公司都做广告，互联网公司都是流量为王。但你想过没有，大量当红电视剧的广告都是 P2P，这正常吗？

再说一个数据信息，早在 P2P 还能正常投放广告时，有投资业相关人士跟我说，一个 P2P 注册用户的成本是 600 元，一个 P2P 付费用户的成本是

1000 多元，这个数字现在已经上涨了不少。

羊毛出在羊身上，这么高的成本，对方又承诺那么高的收益，你不觉得其中有问题吗？

第三，银行监管。

有小伙伴说："人家 P2P 承诺有银行第三方资金托管，这下资金该安全了吧？"

就拿 e 租宝来说，它就曾经宣传自己和兴业银行签署了资金存管协议。而它在"跑路"之后受到多方调查，证明其虽然签了协议，但实际并未开展存管业务。

退一万步来说，即便是真实的银行资金托管，也仅仅能保证 P2P 平台不刻意"跑路"。其实也不能保证资金安全，虚拟投资标的便能套出资金。

2016 年 4 月，红岭创投对外宣称的一笔坏账，是 2014 年 7 月份上线的"江苏 2 号"项目。根据当时的融资公告，项目方申请 2 亿元借款，年化利率 24%。当时借款理由正当，还有抵押物，怎么就成了坏账？之所以一直拿红岭创投做例子，不仅是因为它资格比较老，规模比较大，还因为它属于经常对外披露坏账信息的一家公司。相对其他平台的信息披露来说，它已经是万分良心了！

你记住了哪些数字？画重点：借款 2 亿元，借款利率 24%！但是，这样的高利率企业能承受吗？当市场变坏、企业还不了债时，这些损失又由谁来承担呢？

P2P 介绍

P2P 的概念源于美国，即 peer to peer，也就是人对人的交易。但是在 2016 年，美国最大的 P2P 公司 Lending Club 出事后，P2P 模式是否可行，市场对此提出了一个大大的问号。与之相对的，国内的 P2P 也频频出现了"跑路"的新闻。

那么，P2P 究竟是什么？ P2P 分为两种。

第一种，纯平台。

相当于有人在小区里划一片地，然后向每一个进来借钱和放款的人收门票（赚利息差）。当然，他也会对来借钱的人有一定的审核，降低放款人收不回钱的风险。

第二种，提供担保。

相当于你把钱借给了平台，其实你也不知道你实际借给了谁，但是平台跟你保证："借给谁不是问题，我一定会还你的。"这是国内 P2P 的主流形式。

在实际过程中，这两种模式的 P2P 是怎么运转的呢？

第一种，纯平台。美国 Lending Club 就是这一模式，它们赚的是利息差。美国的金融体系十分发达，这样造成的结果就是，散户有相当多的投资渠道，不会在 P2P 这一棵树上吊死。

这两个因素对 Lending Club 有什么影响呢？就是没有钱！所以，毫无意外，公司最后搞不下去了。

第二种，提供担保。除了卖门票，还做担保人，这是国内的主流形式。在中国有借款需求的个人和小微企业一抓一大把，按理来说，P2P 模式应该是可行的，但成也担保、败也担保。

怎么讲呢？为什么会有人把钱交给 P2P？还不是为了赚更多的收益？并且平台还保证不亏。平台咬紧牙担保了，但是，钱借给谁呢？

首先，P2P 平台应该把钱借给谁？

中国信贷系统还不完善，借款人的信用状况没法被有效评估。如果借钱不还，也没有很好的追讨系统。所以实际情况是，一方面 P2P 公司对投资人拍胸脯保证，放心吧，一定能还上！另一方面 P2P 公司自己承担着巨大的风险，只赚 3% ~ 5% 的利差。这哪里是 P2P，这简直是天使！

于是，P2P 公司只能剑走偏锋，具体有以下几种手段：

1. 卖理财产品

散户出钱，投资的并不是 P2P，而是理财产品。或者，P2P 公司以类似理财产品的名义归集散户资金，再寻找借款对象。于是乎，投资人的钱就进入了平台的中间账户，形成了资金池。这么做的 P2P 公司，其实涉嫌非法吸收公众存款。

2. 与低质量的借款人狼狈为奸

P2P 平台对外宣称，我们的借款公司都是高质量的大公司，绝对还得起钱，绝对不会倒闭！但其实，这些借款的公司根本就不具备资质。P2P 公司不管，也不去核查借款人身份的真实性，甚至默许虚假身份借款的情况出现。

3. 庞氏骗局

P2P 编造一些虚假融资项目或借款标的，不断拉新人的钱进来还旧债，为平台母公司或其关联企业进行融资。这不但涉嫌集资诈骗，还有巨大的风险，一旦没有新人进来，整个系统就会崩溃。

其次，银行存管也不能给 P2P 平台上保险，为什么？

银行并不审核项目的真实性，只能保证资金流向相对明确。通俗点说，就是保证那里面的钱是直接划给借款人使用，而不是 P2P 平台用来买豪车。钱借给了借款人，银行也不负责追讨。虽然 P2P 平台无法直接接触资金，但如果借款人还不上钱的话，P2P 平台想跑还是可以跑！

最后，P2P 平台为什么非要"跑路"呢？"跑路"的诱惑到底在哪里呢？

这里面的诱惑还真不少。

第一，在没有真正把钱借出去的时候，P2P 平台拿了大量散户投资者的钱。这么大把资金，此时不跑，更待何时？

第二比较悲苦。P2P 平台原本是想好好干的，也找到了借款人，钱也确实借出去了，但是不还钱的老赖太多了，追不回来，投资人找上门来怎么办？资金链断裂，没辙，只能跑。

"跑路"呢，主要就是这两种情况。那种一上来就是为了圈钱而"跑路"的，今天包装成 P2P 公司，明天也可以包装成其他的。

而如果你真的要把 P2P 作为投资手段，首先要了解其风险。如果自己可以承受，再去看要不要赚那个收益。

P2P 的识别方法

除了庞氏骗局类，所有的 P2P 产品本质上都是债权债务关系，也就是一个人（或机构）向另一个人（或机构）借钱。债券也有优质债和垃圾债之分，P2P 属于哪种？

很简单，借钱的人（或机构）从银行那里贷不到款、融不到资，所以只能选择 P2P 的方式。说到这里，可能还有一些人不死心。

你说了 P2P 各种不好，那 P2P 平台都是骗人的吗？

这里我就跟大家分享一下鉴别 P2P 平台的方法。注意，这只是相对的！

首先，要对 P2P 平台的主体进行辨别。

主体辨别就是看这家公司是不是真的存在，核实它的营业执照。注意，必须输入 P2P 平台的全称，不然很容易搞乱。

然后，仔细查看平台披露的信息。

可以看看项目披露的信息是否齐全。一个负责的 P2P 平台，会让投资者明明白白地把钱借出去。一般在不泄露隐私的前提下，可以看到披露的借款人的基本信息、借款项目的相关信息。除此之外，还要看借款流程是否有公证机构的监督。如果有抵押品，以房产为例，只有办了抵押登记手续，房屋所有者才无法变卖过户，才可以在未来资产处置的时候优先受偿，这些都是资金的保障。

看到这里，你是不是已经头大了？不就投资个 P2P，怎么这么麻烦？

我要告诉你，这相比银行贷款审核，已经简化多了。银行存款年利率在 2%～3%，贷款年利率最多也就 7%。即使这样，银行还是有贷款收不回来的情况，出现呆账、坏账，由此可以判断 P2P 收不回钱的概率。

再次，了解 P2P 的风险链。

所谓风险链，就是容易发生风险的链条，你可以理解为资金防护。

这么说吧，P2P 的第一风险人是投资人，也就是你。

第二风险人则是平台自身。根据国家相关规定，平台企业不得提供担保，不承担刚性兑付责任。也就是说，P2P 平台没有还钱的义务。

第三风险人是为项目提供担保的机构，一般是担保的保险公司。如果债务人还不上钱，保险公司就得站出来。

不过，并不是每个 P2P 产品都有保险公司承保，而且具体细则和条款也需要一一核实。

最后，观察 P2P"跑路"征兆。

如何看出一家 P2P 公司要"跑路"呢？

第一，表现为收益率。一般来说，当前我国整体利率不断下行，P2P 平台的平均利率也应呈下降趋势。如果有的平台利率不降反升，年利率高达 30%，甚至 40%，平台极有可能会遭遇兑付危机，此时就要警惕了。如果你是投资者，最好立马赎回资金，以免遭受损失。

第二，平台上突然出现了很多短期标的。如果平台上突然出现了很多短期标的，同时募集金额很大，比如说 1 个月、3 个月、6 个月的投资，利率非常高，那么极有可能是老板准备"跑路"了。

一般情况下，借款的期限与利率应该成正比。也就是说，一两年期的投资肯定比一两个月的投资利率要高。如果出现相反的情况，那你就要警惕了，这很可能是平台想短期内吸引大量资金。很多投资者一看，仅 1~3 个月的时间，收益率又那么高，不如投资试试。这正是 P2P 公司的诱饵，你的钱放进去了，没到 1 个星期，就被卷走了。

虽然不该把 P2P 公司一棍子打死，不过为了安全，我们还是要保守为上。

最后，靠常识发现征兆。除了收益率和期限，还有很多其他的征兆是可以靠常识发现的。比如，高层频繁变动，投资大户开始撤资，负面消息此起彼伏，老板突然消失，网站常出故障，电话也不容易打通，这些都很有可能是 P2P 平台的老板在蓄谋"跑路"。

总结而言，买的没有卖的精。别以为你投资过 P2P，最后安然取回本息，薅了一次羊毛，就比奸商更聪明。一旦发现相关征兆，一定要进行维权，通过协商、报警、诉讼等方式弥补损失。当然，最好的办法还是在一开始就避免进入这些坑。

说到这里，如果你还是想投资 P2P，那么我也只能祝你好运了。

总结 & 行动

对于现在频频爆雷的 P2P，通过本章的阅读，你是不是有了更为全面的了解？对于它的风险以及识别方法，你有没有牢记于心？

本章的行动计划是：

1. 找一个 P2P 产品，看一看它的收益率是多少？

2. 在网上搜索一下这款 P2P 产品的信息，看一下它的大股东是谁、托管银行是谁、有没有和保险公司或者第三方担保公司合作。思考一下你最多愿意投资多少钱在这个 P2P 平台？

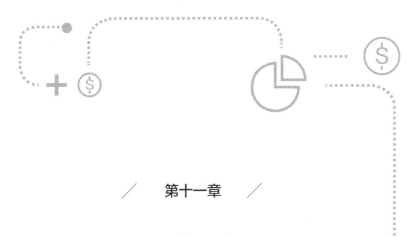

第十一章

保险也算理财吗？

——职场新人如何挑选第一份保险

为什么我们需要商业保险?

很多小伙伴一听"保险"俩字就皱眉摇头，觉得保险都是骗人的，这恐怕是来自一些阴影或者不愉快的体验。

但是，保险真的是骗人的吗？

保险的本质，就是用少量的钱（即我们交给保险公司的保费）转移一些在生活中可能会遇到的风险或者无法承受的经济损失。如果风险或者损失发生了，由保险公司给予相应的保额赔付。

这里有两个关键词：一个是保费，一个是保额。保费就是你交的钱，保额就是保险公司赔的钱。

一般买保险，转移的是什么风险呢？人生在世，什么最重要呢？

身家性命！保身家的，是财产保险；保性命的，是人身保险。

很多刚踏入职场的小伙伴，从零开始，没有什么财富积累，不需要买财产保险，但人身保险却是必备的。毕竟，你永远不知道，明天和意外哪一个会先来。

该不该买保险呢？我的答案是，当然要买！

三大险种的基本介绍

很多小伙伴问的第一个问题是："我该花多少钱来买保险呢？每个月就赚几千元，再拿出来买保险，想想还真是有点舍不得。"

总体来说，每年交的保费不要高于年收入的 10%。对于大多数人来说，5% 就足够了。如果你的年收入是 10 万元，那么每年交的保费应该在 5000 ～ 10000 元。

有了预算之后，我们该买什么保险呢？

保险基本上可以分为三个类别，意外险、疾病险和寿险。这也是我们购买保险的一般顺序。

那么这些保险分别都是什么呢？其实不难理解，我来一一说明一下。

第一，意外险。

意外险是针对意外伤害的保险。意外伤害，是指突如其来的、并不是疾病造成的身体伤害。意外之所以是意外，就在于其发生的概率小，完全没办法预料。人人都有发生意外的可能，意外险保费很低，是买保险的入门首选。

第二，重大疾病险。

重大疾病险是针对重大疾病的保险。如果一个人买了重大疾病险之后被诊断出癌症，那么保险公司就要做出赔付。重大疾病险最好在年轻的时候购买，这时候患病的概率低，保费也相对便宜。

第三，寿险。

寿险是保生命的保险。一旦身故，不管是由生病还是意外造成的，保险公司都要赔偿。寿险的配置看个人需要，如果你已经成家了，家庭有房贷、车贷等大额负债，为了防止家庭支柱不幸去世后给其他家庭成员造成巨大的还款压力，通常需要买一份寿险，让保额能匹配还款额。如果你是单身白领，投入保险的预算有限，寿险可以暂时不考虑。

职场新人买保险的首选：意外险

买保险需要根据人生的不同阶段因人而异，因为在不同年龄阶段，风险、保障需求以及收入和保险预算都是不同的。比如单身期，合适的是意外险和重疾险；成家立业期，尤其是买房以后，至少要增加一个寿险；退休之后，则以意外险为主。

通常，购买保险可以分为三个人生阶段：

第一阶段：单身期；

第二阶段：成家立业期；

第三阶段：退休规划期。

那么，职场新人应该买哪些保险呢？

保险的初衷是转移风险。在工作前几年，特别是单身阶段，我们身强力壮，正处在事业的上升期，一人吃饱，全家不饿。

所以，职场新人最先应该给自己配置的，是意外险。

到这里，也许你会摆摆手说："哎呀，没有那么背啦。"潜意识里认为自己是被老天爷眷顾的那个。

然而现实是什么？现实是意外风险客观存在，它不可预知，且难以避免。这就是我们需要意外险的根本原因。

现如今随着人们需求的多元化和保险业的发展，意外险也越来越多元，包括意外伤害死亡残疾保险、意外伤害医疗保险、综合意外伤害保险和意外伤害收入保障保险等。

首先，需如实告知被保险人的职业状况。

意外险保费的高低与被保险人的年龄、身体状况和性别等，都没有很大的关系，因为意外到来的概率几乎是平等的，意外险保费的高低一般只与被保险人从事的职业有关。

其次，优先选择短期限的消费型意外险。

在选购意外险的时候，建议你优先选择短期限的消费型意外险产品。这类产品的优点是，保费低廉，一般一年几百元，真正做到了"用最少的钱获得更高的保障"。

再者，仔细阅读保障权益。

购买时，一定要仔细阅读保障权益，弄清保险额度、保障期限和职业限制等。

最后，根据出行计划，购置交通或旅游意外险。

你可以根据自己的出差或旅游计划，单独购买短期保险，例如 3 天、7 天或 15 天的交通意外伤害险和旅游意外险，费用低，还有一定的出行保障。

一般来说，意外险的保额 50 万元是一个比较合适的数字。也就是说，如果发生了意外，保险公司会赔付 50 万元，这差不多可以覆盖被保险人的损失。那么 50 万元的保额，需要交多少保费呢？ 300 ~ 400 元。这个金额，绝大多数人都可以负担。

职场新人买保险的补充：重疾险

除了给自己配一份意外险，还可以配一份重疾险。

重疾不仅会导致高额的治疗费用，还会有 3~5 年的治疗期，这算下来是笔不小的数目。

重疾险如何计算保额呢？

为了计算方便，在此提供一个计算保额相对科学的公式：

重大疾病保额＝重大疾病治疗花费（包含康复费）＋ 5 年生活费用＋房贷

余贷。

对于懒得计算的小伙伴,我直接给你个数字参考——50万元。也就是说,重疾险和意外险保持在1∶1的比例,这可以满足绝大多数职场新人的保障需求。

为什么要配置重疾险呢?

第一个原因,降低损失。

不知道你有没有看过一部电影,叫作《滚蛋吧!肿瘤君》。这部电影讲的是一个叫熊顿的女孩,在生命最后的日子里,与癌症做斗争的故事。在电影里,熊顿住的是大医院,双人病房,每天吃药、打针,这些通通都是不菲的开销。为了避免因病致贫,我们必须要把损失降到最低。

第二个原因,重大疾病逐渐年轻化。

目前的重大疾病开始逐渐年轻化,这跟我们的生活环境和生活方式都脱不了干系。

第三个原因,越年轻保费越便宜。

年轻健康的时候相对患病概率低,所以保费才便宜,越早买越划算。

那么,重疾险该怎么挑选呢?每年保费要交多少呢?

在购买重疾险的时候,我们需要重点考虑保费合理、保额充足、保障疾病种类相对全面、符合投保条件等因素。

买重疾险可不是越贵越好,毕竟保险费是要交钱的!有些重大疾病险涵盖的疾病非常多,而要缴纳的保险费用也相对较高,所以还是要去掂量一下,这个钱交得值不值得。

买保险主要考虑的有两点:其一,风险转移;其二,保费适中。

有的保险保的疾病种类很多,但是非常罕见。银保监会规定的重大疾病,包含了发病率最高的三大疾病,心血管疾病、器官性疾病和老年性疾病,这基本上满足了一般人的投保需求。

买保险的两个注意点：消费型和定期型

我在这里要强调一下，买保险有两个需要注意的地方。

第一，优先购买消费型保险。

优先购买消费型保险，而不是储蓄型、返还型保险。消费型保险是最初的保险形式，也最贴合保险的本质。相比之下，储蓄型、返还型、分红型保险，听着 10 年、20 年之后能拿回本金，每年有分红、有保障，但保险是保险、投资是投资。保险公司毕竟是赢利机构，羊毛出在羊身上。打个比方，购买返还型、分红型这类的理财类保险，就好比本该花 10 元就能解决的事，你交给保险公司 100 元，其中 10 元用于保障，那剩下的 90 元呢？保险公司可以拿来理财、拿来投资，说不定赚的还超过 100 元。到期之后，只要还给你 100 元，剩下的可就都是保险公司的了。

认真算下来，储蓄型、返还型保险的收益通常都很低，甚至低于银行定期收益。其实你完全可以通过自己投资，来获得比理财险还高的收益，完全没必要让保险公司来帮你投资。

第二，买定期而非终身保险。

也许你会困惑，为什么呢？买终身不是一劳永逸吗？

原因很简单，买终身不划算。就算保险能保终身，但是交的保费太贵了。所以，买定期保险胜过买终身保险。

总结 & 行动

总结一下本章的重点内容：

对于工作前几年的职场新人来说，买保险的顺序依次是意外险、重疾险和寿险。

买保险要注意两点:一是优先购买消费型保险;二是优先购买定期保险。

本章的行动计划是:

1. 分析一款意外险,看一下它的保额是多少、每年交的保费是多少以及保障的范围有哪些。

2. 结合本章的内容,判断这款保险划算吗? 你会不会购买?

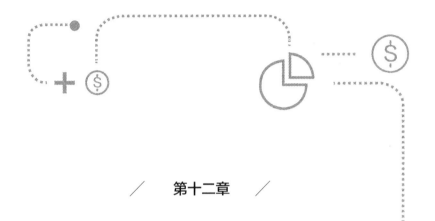

第十二章

上有老下有小，保障全家有妙招

——妈妈的家庭保险配置

有家有口的人怎么买保险？——给谁买

经常有小伙伴问我："我刚生了宝宝，该给小孩买什么保险呢？"或者直接拿一款具体的保险来问我："这款保险划算吗？"

这种问题真的很难回答！保险和基金、股票不一样。基金、股票只要能赚钱就行了，但是保险确实因人而异。

你打算每年拿出多少钱来买保险？你打算保障多久？你今年多大？你的家庭成员有哪些？你的具体工作是做什么的？你的健康状况如何？你更希望保障得面面俱到，还是有重点就够了？这些都是影响你挑选保险的因素。

道理都是相通的，上一章主要针对的是职场新人，本章就来讲讲身为妈妈的你，该如何给家庭成员配置保险。

虽然本章的标题是"妈妈的家庭保险配置"，但保险的道理适用于所有人。想要给父母买保险的单身小伙伴、已经成家但还没有宝宝的小伙伴，都可以学习一下。

说正题之前，我再强调一下保险对于家庭的必要性。

为什么我们需要商业保险？或许你有这样的经历，参加工作以后，自己有了一些存款，逐渐开始学习理财。有一天和父母聊天，说到要买几款商业保险，为自己的老年生活做好准备。正当心中激情澎湃之时，父母却说："反正有社保，不需要担心。"

真的不用担心吗？前面章节我们说过，社保仅仅是最基本的生活保障。最可怕的是，你根本不敢生病。如果得了大病，全家就会陷入困境，因病致贫是分分钟的事。商业保险对于每个人来说，都是必要的。

家庭保险配置要解决两个问题，一是给谁买，二是怎么买。

给谁买？

我问你："一个家庭里，上有老，下有小，妥妥的老壮幼三代，你觉得谁最需要买保险？"

你说："给孩子啊！很多妈妈就是在孩子出生后了解保险的。现在好些父母宁愿自己没有任何保障，也要拿出几千元甚至上万元给孩子买教育金保险，给孩子储备未来的教育费用。"

有人反驳你说："给父母啊！父母年纪大了，容易患各种疾病，买份保险，不是应该的吗？"

其实都不对。最该买保险的，恰恰是最健康、最能赚钱的家庭顶梁柱，也就是看起来似乎最不需要"被保护"的人群。

为什么呢？

第一，先给孩子买保险，不能转移风险。

给孩子买保险的心态很好理解，一方面觉得孩子更重要，另一方面觉得孩子小，保费便宜，也比较划算。但现实生活中偶尔会出现这样的情况，孩子有保险，父母没保险，父母患病后家庭收入受到极大影响，甚至有可能出现没钱给孩子交保费的现象。

保险是什么？未雨绸缪，防患于未然。如果家庭的收入主力遭到意外或者生病不能赚钱了，那其他人靠什么吃饭呢？

先给孩子买保险，完全不能进行风险转移，反而可能造成更大的损失。

第二，先给老人买保险，年龄有限制。

出于孝心，很多子女都会考虑为父母增加一份保障。但市场上的保险大多对投保年龄的上限做了诸多限制，50岁通常被看作投保年龄和价格的分水岭。50岁以上的中老年人如果购买重疾险，缴费期一般只能选择5年或者一次性缴清。如果过了50岁，最好买意外险。其他的保险产品，可以根据自身家庭情况自行调整。

第三，优先买给经济支柱。

无论是给小孩买保险，还是给老人买保险，都需要家里的经济支柱出钱。这也就说明了，在一个家庭中最需要保障的，一定是经济支柱！经济支柱就是挣钱较多的那一两个人。

他们承载着很大的工作压力，也承担着家庭的生活压力。试想想，如果家庭支柱收入中断了，这将会给整个家庭造成多大的冲击！

所以，购买保险时的顺序，首先是大人，然后是老人，最后是小孩。大人中，一定要优先考虑家庭的经济支柱，也就是收入较多的人。

有家有口的人怎么买保险？——买什么

还记得我们上一章讲的买保险的顺序吗？先意外险，再重疾险，最后寿险。

家庭顶梁柱

家庭顶梁柱的意外险和重疾险，和单身期购买保险时的注意事项是类似的，小伙伴们可以参考上一章的内容。

寿险要怎么买呢？具体保额是多少呢？给你列三个步骤，供你参考。

首先，确定保额。

保额是一旦身故，保险公司要赔付的金额。比如小明，他是家里的顶梁柱。

万一不幸离世，这个家庭需要多少钱才能不影响现在的生活呢？他粗略算了一下，大约需要 50 万元，所以小明的保额至少得有 50 万元。年限就保 30 年好了，因为 30 年之后，孩子也长大了。

然后，看清合同条款。

在选择保险的时候，要看清合同中的每一条条款，特别是免赔条款。保险公司不是慈善机构，他们是为了赢利而存在的，并不是每一条条款都是对你有利的。

最后，确定缴费方式。

保险费的缴费方式有趸缴和分期缴付两种。趸缴就是保费一次缴清，分期是按年、半年、季或月来支付。一般情况下都是选择分期支付，压力小一点，也划算一些。

通常来说，寿险的基本保额是 50 万元，理想保额是 100 万元。当然，保额越高，时间越久，保费也就越高，这要根据家庭的经济实力来衡量。

老人

之前我们提到过，保险要趁早买。岁数大了，一来很难承保，二来保费也很贵，尤其是寿险和重大疾病险。

保险公司计算重疾险的费率时，会考虑投保人的年龄与发病率之间的关系。年纪越大的人，重大疾病的发病率自然越高，保险公司也会收取更高的保费。而且，很多重大疾病险是不接受 60 岁以上的人投保的，寿险也是一样。

孝顺的你会问："身为子女，如果父母不能买到合适的寿险或重疾险产品，我们可以做些什么呢？"

你可以让父母养成定期体检的习惯，这不仅能及时发现身体的变化，还能提前发现某些疾病的征兆，尽早治疗。另外，随着年龄的增加，老年人发生意外的概率也在增加，比如因跌倒造成骨折或者其他伤害，可以有针对性地为家里的老人投保意外险。

保险公司对于 70 岁以上老人的意外险投保费率是有所提高的，有些甚至拒保，这主要是因为老年人的身体协调能力逐渐退化，即使在家中行走都难免有意外等情况发生。如果有合适的产品，给老人买一份意外保障是很好的。

小孩

很多父母在孩子出生之后都会焦虑，想给孩子最好的东西。与此同时，各种保险公司也会找上门来，推荐的保险品种五花八门，看得人眼花缭乱。

我直接说结论：给小孩购买保险，优先考虑重疾险和意外险，不用太考虑寿险。

总结一下

对于家庭顶梁柱，也就是主要收入贡献者，买意外险、重疾险和寿险；

对于中老年人，尤其是 50 岁以上的人，买一份意外险就好；

对于小孩，优先买重疾险和意外险。

另外，无论买什么险种都要记得，消费型保险和定期保险优于储蓄型、返还型保险和终身保险。

总结 & 行动

在这一章，我们学习了家庭保险配置的原则。家庭保险该给谁买，分别买哪些保险，你现在心里有数了吗？

本章的行动计划是：

1. 结合你的年龄和家庭情况，给自己和家人制定一份保险配置计划。

2. 挑选一款储蓄型保险，算一算期满后复利收益是多少。

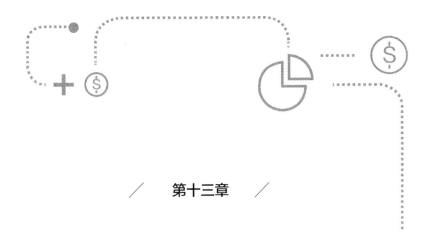

第十三章

有人向我借钱，他靠谱吗？

——告诉你债券那些事

债券回顾

前面章节我们介绍过国债，现在来做一个简单的回顾。

所谓国债，其实就是政府向大家借钱。通常情况下，国债发行的时间越长，利息就越高。目前国债的借期短的有 3 个月，长的有 5 年、10 年。例如 2013 年发行的国债，1 年期的利息大约是 3.7%，5 年期的利息大约是 6%。

除了国债，还有地方债、企业债，分别是地方政府和企业向大众借钱的凭证。

国债、地方债和企业债，都属于债券。而债券说白了就是借条，是一种金融契约，是政府、金融机构和工商企业等直接向社会筹措资金时，向投资者发行，同时承诺按一定利率支付利息并按约定条件偿还本金的债权债务凭证。债券的本质是债的证明书，具有法律效力。

当投资者买了债券，就与发行者形成了一种债权债务关系。

债券的基本要素有哪些？

目前市面上的债券虽然种类各异，但所有债券都包含了以下基本要素：

1. 债券面值

债券面值，是指债券的票面价值。它与债券实际的发行价格并不一定是一致的。发行价格大于面值称为溢价发行，小于面值称为折价发行，等价发行称为平价发行。

2. 偿还期

债券偿还期，是指债券上载明的偿还本金的期限。

3. 付息期

债券的付息期，是指发行债券后，利息支付的时间。它可以是到期一次性支付，也可以是分期支付，还可以每年、半年或者 3 个月支付一次。

4. 票面利率

债券的票面利率，是指债券利息与债券面值的比率。它是发行人承诺以后一定时期支付给债券持有人报酬的计算标准。

5. 发行人名称

发行人名称，是指发行债券的债务主体，其为债权人到期追回本金和利息提供了依据。

这些是债券的基本要素，但它们在发行时并不一定全都印在票面上。例如，在很多情况下，债券发行者是以公告或条例的形式向社会大众公布债券的期限和利率。

简而言之，债券就是一张欠条，上面写着谁借钱、借了多少、借多长时间、什么时候还钱以及还多少利息。

买债券的目的有两种，其中最基本的就是收利息。比如买 1000 元为期一年利率为 4.5% 的国债，到期就能收到 45 元的利息。

还有一种情况，债券本身可以低买高卖，那就能赚取差价。

你可能会困惑，这又是怎么回事呢？债券又不是股票，怎么还能低买高卖呢？

举个例子，有个债券本来面值是 100 元，但是因为种种原因只卖 95 元，你觉得这是个机会，于是以 95 元的成本买入。过了一段时间，债券的价格涨到了 98 元，你把自己手头的债券卖出，赚了 3 元的差价，同时还能收到这段时间的利息。这就是低买高卖，与股票投资有点相似。

我们之所以要投资债券，一是它的收益比较稳定，二是债券的风险相对较低。一般来说，债券发行方是不会赖账的。所谓有借有还，再借不难。

但是这并不意味着债券没有任何风险，借钱不还的情况也有可能发生。根据是否有违约的风险，债券可以分为利率债和信用债。

利率债，是指基本无违约风险的债券，主要包括国债、央行票据、地方政府债和政策性金融债。为什么说基本无违约风险呢？因为发行主体分别对应的是主权国、央行、地方政府以及国务院直属的政策性银行。听起来是不是有一种油然而生的安全感？

一般来说，只要一个国家的政局没有发生大的变化，这些债券都会如期兑现。当然，国家赖账的情况也不是没有发生过。2011 年希腊遭遇债务危机，曾经三次宣布"减计债务"。最后的结果是，本来你有一张 100 元面值的希腊国债，到 2012 年就只剩 46.5 元了。

信用债相比利率债，具备一定的违约风险。信用债最常见的就是企业债和公司债。要知道虽然政府破产这类事不容易发生，可是企业和公司破产的风险还是比较大的。信用债风险较高，收益也自然较高，这也是很多人投资公司债和企业债的原因。

如何找到优质债券？

针对债券，有没有什么办法能够让我们远离垃圾债，找到债券中的优质品呢？

当然有啦！

第一，谁借钱？他的信用如何？有担保人吗？担保人资质如何？

我们在看一只债券时，先别急着关心利率的高低，而要先看看债券发行方是谁、债券的评级怎么样。

一般来说，如果比较权威的评级机构对某只债券的评级比较高，那么就可以考虑一下。如果这只债券还有实力雄厚的担保人，那就更好啦。也许一家公司本身的实力不怎么样，但为了让投资者放心，它找来了财大气粗的担保机构为自己担保，表示如果自己到时候还不起钱，担保机构会连本带息按时把钱付给投资者，这样一来投资者的风险就降低了不少。

因此，我们不只要关心谁借钱，还要关心借钱人有没有担保人、担保人的实力如何。

第二，借钱做什么？

一般而言，债券的发行书里都会写明用途。如果企业这几年发展很好，但是资金不足，想借钱扩大生产，那这是企业良性发展的合理资金需求。可是如果这家企业三番五次地发行债券，欠了一屁股债没还，你就得考虑一下，借出去的钱有多大可能收不回来。

第三，钱要借多久？

借钱的时间越长，利息也相应越高。

投资债券前，你要了解下债券的期限，然后再看看自己的资金状况。如果自己手头有一笔钱是计划后年使用的，那你买 5 年期的债券就不是明智的选择。如果这笔钱是 5 年后使用，你就可以选择时间相对较长、利息较高的债券。

第四，债券的利率是多少？

分析债券时，别一味追求高利息。毕竟利息越高，风险也越大。要是真的发生企业还不起钱的情况，那可真是赔了夫人又折兵。

综合来看，如果你是追求低风险、稳定收益，不能忍受资产有任何损失的小伙伴，那还是选择利率债吧。而如果是想要追求更高收益的小伙伴，一定要按我之前讲的方法，擦亮眼睛，找到属于自己的那只好债券！

手把手教你买债券

到这里，你又要问了："债券收益稳定，风险又比股票小，可是债券如何购买呢？"别着急，我这就手把手教你买债券。

债券在哪里买？有的债券可以直接在银行柜台买，比如国债。你随便找家银行，问问工作人员就知道接下来怎么办了。我们这里不展开讲。

本节的重点是，如何通过互联网券商轻松购买债券。

首先，你得有一个证券账户。

嗯，没错，又是证券账户，也叫股票账户。股票账户其实非常万能，也非常重要。买股票时需要它，买基金时也需要它，买国债逆回购和债券通通需要它。而且很多债券在银行是买不到的，只能通过证券市场买卖。

所以啊，还没开通股票账户的读者，要赶紧行动啊！

一般证券公司都有手机 APP，开户后购买债券可以通过 APP 操作。在 APP 的搜索框直接输入债券代码，比如说 019204，查看当前的价格。如果你确定要投资，输入购买数量（最低买 100 张），点击"立即买入"即可。这和投资股票的操作是一样的。

债券基金怎么买？

债券基金是什么呢？之前的章节介绍过基金，而债券基金就是以国债、金融债等固定收益类投资为主要对象的基金。债券基金又分为纯债券型基金与偏债券型基金。

二者有什么区别呢？80% 以上的资金用于投资债券的基金才是债券基金。偏债型基金，除了 80% 以上投资债券外，还会投资股票、可转债，甚至打新股等，通过不同投资方向来提高整个债券基金的收益。而纯债型基金只能把投资人的钱用来投资各种类型的债券，不能投资股票和其他产品。所以，纯债型基金的收益会比偏债型基金低，风险也更低。

你可以在各家基金销售网站，比如说天天基金网，查到每只基金大概的投资范围、投资比例以及最近收益。

说了这么多，那怎样挑选好的债券基金呢？

我告诉你一个快速好用的方法：直接登录晨星基金网或者天天基金网这类大型第三方基金销售平台，找到"债券基金"的菜单，然后查看排名。

筛选条件是什么？

1. 近 3 年的基金表现排名前 5 或前 10。

一般来说，短期业绩有很大的不确定性，所以，至少要用近 3 年的基金表现来进行排名，选出前 5 或者前 10 名。这就可以排除掉很多名不见经传的基金，降低不必要的风险。

2. 基金的基本状况。

需要依次看一看，每只基金的基金经理的更换频率、费率高低、规模太小和成立年限。如果你希望收益可以高一点，那么就选择偏债型基金，就是可以部分投资股票的基金。如果你希望稳健一些，那么就选择纯债型基金。每只基金和我们每个人一样，都有着各自的性格。选基金就和选朋友一样，要选自己喜欢的、投契的，才能愉快地相处。

可能部分读者会有疑问："本书之前讲过货币基金也会投资债券，那它跟债券基金有什么区别呢？"

它们的区别就在于，货币基金投资的债券都是短期的，而且都是高等级的债券，风险非常小；而债券基金投资的债券，时间会长些，而且有可能投资一些风险相对较高的债券，从而获得比货币基金更高的收益，但这同时也牺牲了一定的流动性，风险会比货币基金高。

投资债券基金的好处有很多。

第一，债券基金的风险比较低。

在我们国家，债券基金的投资对象主要是国债、金融债和企业债，风险较低，至少低于股票。债券基金建立的投资组合，可以通过广撒网来规避风险。投资者不会因为某一只债券无法偿付，就有本金永久损失的风险。

第二，在股市低迷的时候，债券基金依然表现稳定且保持收益。

债券基金投资的产品收益都很稳定，因此，在股市表现不好的时候，我们经常会转而投资债券市场。换句话说，债券市场和股市是互补的。股市大涨时，投资股票可以获取最大的收益，股市行情不好时，投资债券基金可以保证收益平稳。

第三，债券基金的流动性强。

我们投资债券基金可以获取较高的流动性，随时可以将持有的债券基金转让或者赎回。这一点与货币基金的特点相似，比较灵活，可以随意买卖。债券基金的申购和赎回一般是 T+2 日，也就是买卖操作完成两天以后确认申购成功或是赎回到账。

当然，债券基金纵有千般好，也是有缺点的。

第一个缺点，债券基金需要持有较长时间才能赢利。

如果你有一笔 2 年后才用得到的钱，那很适合投资债券基金。因为债券基金的赢利需要一段时间，只有在较长时间持有的情况下，才能获得相对满意的收益。

第二个缺点，债券基金遇到股市高涨时，收益相对平庸。

债券基金不像股票，可以随着利好而大涨。相比忽上忽下的股市，债券基金的走势相对平稳。但也正因为这个特点，债券和股票形成了互补的关系。

第三个缺点，在债券市场出现波动时，也会有亏损的风险。

债券基金并不总是赢利的。什么时候债券基金会亏损呢？一般而言，债券基金的价格与银行利率是成反比的。当利率上升的时候，买债券基金的人便少了，债券基金的价格就随之下跌；当利率下降的时候，债券基金的吸引力就变强了，价格也会随之上升。所以，投资债券基金，也要把握时机。

总而言之，凡是投资，就有风险。我们要擅长利用每一种标的的优点，为我们的投资理财做出正确的规划，以此带来收益。债券基金的收益高于货币基金和银行定期存款，其风险又比较低，不失为一个稳健的投资对象。

总结 & 行动

这一章我们学习了有关债券的知识，包括债券有哪些类别、如何找到优质的债券、优质债券怎么买、债券基金怎么买等。

本章的行动计划是：

1. 打开股票账户或者基金网站，搜索一款债券基金，看一看它是偏债型基金还是纯债型基金？

2. 结合它的成立时间和基金排名，你认为你会投资这款债券基金吗？

第十四章

有钱人找我合伙做生意，我应该答应吗？

——说说"不靠谱"的股市

股票是什么？

说起股票，可能大部分人都有这样的认识：股市就是赌场，买股票如同赌博。股市里一直流传着这样一句话："七亏二平一赚。"什么意思呢？就是说，炒股的人里，70%的人是亏损的，20%是不亏不赚的，只有10%的人是赚钱的。也就是说，大部分人在股市里都是亏钱的。

但无论怎么说，还是有许多人长期奋战在股市，因为他们信奉六个字：高风险，高收益。那他们说的到底对不对呢？我们一个个看。

第一，股市到底有没有高收益？

要想说明白这个问题，我们先了解下百年来美国不同资产的回报率。

从1802—2006年，美国的物价上涨了16.8倍。当年1美元能买到的东西，2006年需要16.8美元才能买到。而黄金的价格上涨了32.8倍，如果在1802年有人买了1美元的黄金，2006年可以换回32.8美元，所以说黄金确实具备一定的保值作用。但是，相比债券，黄金就显得小儿科了，投资债券最后价值是初始资金的1.8万倍，也就是1美元可以换回1.8万美元。即使是利率最低的国库券，1802年的1美元也变成了2006年的5061美元，涨了5000倍。

最后来看股票，如果某人碰巧在1802年买了1美元的股票，那么200多年后他会拥有1270万美元！这个收益，无论从哪方面来说，绝对属于高收益了。

200多年来，股票虽然波动性很大，远超过债券和黄金，但是长期来看，它却以8.6%的年复合增长率在上升。所以从长期来看，股票是最具有增值潜力的资产，也是绝对收益最高的资产。

第二，股票的风险到底有多高？

如果在股市赚钱真那么简单，为什么还会有"七亏二平一赚"之说呢？虽然长期来看，股票的收益远超债券和黄金，但是如果不懂股市投资的知识和方法，盲目进行投资，那么亏钱是迟早的事！

你可以随便找个炒股的人，问他们一些问题。比如：你为什么买这只股票？这家上市公司的主营业务是什么？公司的净利润是多少？……

这些问题，十有八九的股民都回答不上来。这也是70%的股民炒股亏钱的根本原因：不了解自己的投资品！

股票被妖魔化的原因

第一个原因：投资者忘了初心。

买股票究竟是在买什么？说到底，买股票就是买公司。

世界上第一只股票，也就是第一家股份制公司，是荷兰的东印度公司。那时候还是大航海时代，海上贸易是一个暴利的行业，但是也要烧钱，还有各种有去无回的高风险。如何能轻松赚到钱呢？聪明的荷兰人就想出了一个主意：由公众一起出钱打造船队，共同承担风险，共同分享收益。

因此，如果你花钱买了东印度公司的股份，你就成了它的股东。只要东印度公司赚了钱，你就能享受相应的分红。要知道，1612年东印度公司第一次的分红比例就高达57%，第二年则高达42%。在近200年的时间里，东印度公司为它的全体股东持续派发高达18%的年度红利。

随着股票市场的日渐发展，很多人却忘记了这一点——买股票就是买公司。他们把股票当成赌场里的筹码，把投资股票变成赌博。许多人每天盯着股票，一毛钱的涨跌都会神经紧张。但是，抛开虚浮的表象，股票其实非常单纯，就像当年的荷兰民众买入东印度公司的股票，正是因为公司做远洋贸易能赚到大量的利润，所以每年都可以获得公司的分红。

第二个原因：媒体的推波助澜。

我们都知道，媒体喜欢炒作新闻，而且常常罔顾事实。对于股市的涨跌，媒体常常轻易下结论，涨时欢喜跌时忧。这完全忽略了股票的本质，给股民营造了一个不切实际的舆论氛围。

大家一定还记得 2015 年的中国股市，年初所有人都在狂欢，到了 6 月份，股市开始下跌，转眼人人都说"股灾来了"。但实际上，如果你从 2014 年的 12 月 31 日开始买入沪深 300 指数，到 2015 年 12 月 31 日卖出，也就是说完整经历了所谓的"股灾"，你依然是赚钱的。

虽然中国股市成立时间不到 40 年，有各种缺点，但凭良心说，中国股市过去的回报非常不错。如果被一些媒体的妖魔化舆论误导，远离了股市，那就不知道错过了多少赚钱的机会。

有钱人找我做生意——上市公司的前世今生

既然买股票就是买公司，那么我们应该投资什么样的公司呢？

当然是能帮股东赚钱的公司。什么样的公司才能帮股东赚到钱？

咱们先来看一个故事。

有个老板名叫张全蛋，在上海开了一家餐饮公司，叫全蛋火锅店。为了经营好这家店，张全蛋拿出了自己所有的积蓄 200 万元，专门从四川找了大厨，高价购买了秘制配方。火锅店开业后，因为味道正宗、服务到位，口碑在短时间内就传遍了上海的"吃货"圈，大家纷纷上门品尝。甚至有人专门驱车 2 个小时、排队 3 个小时，就为了吃一次火锅。

看到第一家店发展得这么好，张全蛋决定开第二家店。可是，自己的积蓄已经全部投入了第一家店里，这第二家店的钱从哪里来呢？

这个时候，他找到了身为朋友的你，说："你看，现在我的火锅店这么赚钱，我们不如一起干吧！你负责出钱，开一家新的火锅分店，我来出力，负责整个火锅店的后续运营。你拥有第二家火锅店 50% 的股份，每年赚的钱咱们俩一起分。怎么样？"

你觉得这个提议不错，毕竟他的第一家火锅店看起来确实很赚钱。你虽然不懂经营，但是考虑到以后每年能拿到一半的利润，好像很不错嘛！于是，你就答应了。

只不过，天有不测风云。第二家店没开多久，就遭遇了一系列事件：先是被竞争对手恶意抹黑，说你家的火锅底料中添加了多种不利于人体健康的化学物质；接着是上海今年夏天开始流行吃潮汕牛肉，不再流行吃四川火锅了。

在这两个不利因素的影响下，两家火锅店的生意一落千丈，可是房租、员工的工资并没有减少，只能眼看着钱如流水一般哗哗地流出去。火锅店陷入了资金困境，要是再没有后续资金投入，估计再撑两个月，火锅店就该关门歇业了。你先前之所以投钱进去，是想赚钱的，结果现在，非但没赚到钱，连投入的本金也收不回来了。

怎么办呢？

为了挽救面临困境的火锅店，你和张全蛋开始想各种办法。终于，你们找到了一个有意投资火锅店的人，姑且叫他强东吧。强东愿意投入 300 万元，条件是第一家火锅店 30% 的股份归他所有。也就是说，第一家火锅店不再完全属于张全蛋一个人了。

张全蛋想了想，认为拿出第一家火锅店 30% 的股份来换取渡过难关的一笔钱，还是值得的，于是他同意了这笔交易。那现在两家火锅店的股权比例是这样的：

第一家店：张全蛋拥有 70% 的股份，强东拥有 30% 的股份；

第二家店：张全蛋拥有 50% 的股份，你拥有 50% 的股份。

这意味着，如果年底第一家店赚了 100 万元，张全蛋将拿到 70 万元，强东拿到 30 万元；如果第二家店赚了 100 万元，你和全蛋可以各自分得 50 万元。

当然，你们可以选择拿这笔钱，也可以选择不拿这笔钱。你们可以把赚来的钱，继续投入火锅店明年的运营中，比如开发新的菜式、成立专门的新媒体运营团队，让更多的人知道你们的火锅店。

但如果火锅店经营不利亏损了，那你们作为股东将一起承担损失，火锅店的命运和你们三个人紧密相连。

说到这里，明白了吗？股东和公司的经营密不可分。如果公司赚钱了，大家一起赚钱；如果公司赔钱了，股东也拿不到利润。股东和公司正是所谓的"命运共同体"。

从这个故事可以看出，大部分公司在发展过程中，都会面对一个绕不开的需求——不断的资金投入。制药公司想要研发新药品，需要巨额资金；房地产公司想要扩大市场，需要巨额资金；食品公司想要进军海外市场，需要巨额资金。

那么，他们需要的资金从哪里来呢？一是银行贷款，二是发行债券，三是公开发行股票。

公司选择上市有很多原因，但一般都是为了钱，为了公司能更好地发展。

其实我们每个人每天都在和上市公司打交道。衣食住行，吃喝玩乐，你很多的活动都能和上市公司扯上关系！不管你用的牙膏是两面针还是云南白药，它们都是有名的消费品公司。你办公室的空调是格力的，住的小区是万科的，用的纸巾是恒安集团的，喝的牛奶是伊利的，这些也都是上市公司。

如何避免亏损？

了解了上市公司的前世今生后，你应该明白：投资股票成为股东，可不是捞一票就走这么简单的事儿，而是一个长期投资。股神巴菲特就曾说："如果不打算持有一只股票 10 年，那我就不会持有它超过 10 分钟。"

股市错误之轻视亏损！

我们来看一道数学题：小明同学投资 5 年，每年收益率分别是 30%、30%、30%、30% 和 –30%；小丽同学也投资 5 年，每年收益率分别是 15%、15%、15%、15% 和 15%。请问最后谁赚的钱更多？

可能许多人乍一看题都会觉得，小明虽然最后一年亏了，但是前几年收益率是小丽的 2 倍，所以应该是小明赚得更多。但实际上，小明 5 年的累积收益率是 200%，小丽是 201%。

小 明：$1 \times (1+30\%) \times (1+30\%) \times (1+30\%) \times (1+30\%) \times (1-30\%)$ $=200\%$

小 丽：$1 \times (1+15\%) \times (1+15\%) \times (1+15\%) \times (1+15\%) \times (1+15\%)$ $=201\%$

看出来了吧，虽然小丽前 4 年的收益率比小明少 1 倍，但因为没有亏损，每年都是正收益，最终仍然跑赢了小明。

换一种说法，如果你买入一只股票，涨了 50%，又跌了 50%，你觉得最后收益率是多少？是不赚不赔么？

错，答案是亏 25%。再来思考一个问题：如果一只股票跌了 90%，涨多少才能回到原位？正确答案是：要再涨 900%，也就是 9 倍，才能收回成本。

所以一定要记住，无论你做何种投资，最重要的一条就是：不要亏损，不要亏损，不要亏损。

股市错误之盲目从众！

马云说过："风来了，猪也会飞。"在股市里有种经久不衰的传奇，那就是：牛市来的时候，人人都是股神。大家一哄而上，像买白菜一样抢购股票，完全不知道自己买的是什么、这个公司怎么样。各种故事、传奇满天飞，好像随便买一只股票就能赚得盆满钵满。

然而风过去了，最先摔死的也是猪。股票不是提款机，任何人直接就能进去捞一笔，世上哪有这么好的事？

所以，第二个要点就是不要盲从，必须认真思考，同时还要保持警惕。

股市错误之追涨杀跌！

我们再看一看这张图：

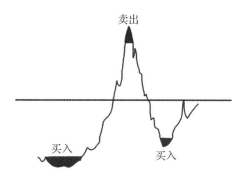

上图展示的是最理想的投资状态，在低洼处买入，坐等上涨；等到涨到最

高点就卖出，大笔收益到手。这其实就是所谓的低买高卖，赚差价。

但是实际上，大部分人都在追涨杀跌，表现的则是下图的一番景象。

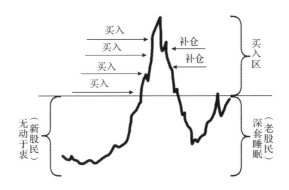

股价便宜低迷的时候，人人都无动于衷。等到股票开始上涨了，就忙不迭地买入，股票稍微跌了，安慰自己"没关系，牛市不会这么早结束"，有资金的说不定还会自作聪明地补仓！结果，猜到开头，猜不到结尾。股票一直下跌，盼啊盼啊，就是盼不来再上涨的一天。眼看自己越亏越多，一部分人心灰意冷，亏本卖出；另一部分人索性装死，不再关注股市，就这么被深深地套牢了。

涨的时候只知道买，跌的时候又一窝蜂跑出来，不仅赚的钱亏回去了，本金也赔了，这就是很多人在股市里的真实写照。

相信很多人看到这里，肯定会会心一笑，觉得似曾相识。是的，股市里 70% 的股民一直"兢兢业业"、前赴后继地做着这样的事情。

那该怎么办？答案很简单：学习！

在投资中，失败是很正常的，没有谁能永远成功。就连"股神"巴菲特，也做过错误的投资决策。最怕的是，失败了之后，不反思自己的问题，而是怨天尤人。很多人宁可用大量的钱去买教训，也不肯学习一下投资理财知识。

假使你能够拿出一点时间和金钱，稍微学习一下投资知识，你就能在很大程度上超越大部分股民，也能避开大多数投资道路上的坑。

如何快速挑选出一家好公司？

既然买股票就是买公司，那么该买什么样的公司呢？如何在海量的上市公司里找出一家好公司呢？像贵州茅台、万科、中国平安等，这些耳熟能详的公司是不是好的投资标的呢？

这当然不能凭感觉。我们要对公司进行估值，要用数据来说话。

数据从哪里来？答案是公司的财务报表。所以，想要成为像"股神"巴菲特一样的价值投资者，我们必须要拥有看懂公司财务报表的能力，然后通过这些数据来对公司进行分析和估值。看财报需要系统学习，这里不展开，但我可以告诉你几个重要的估值指标，可以帮助你找到好公司。

指标 1：市盈率。

市盈率的英文是 price to earning ratio，简称 PE，也就是市值除以净利润。市盈率代表如果你现在买入一家公司，需要多少年才能回本。市盈率的倒数，反映了买入这家公司的年化收益率。一般来说，市盈率肯定是越低越好。

比如，你花 100 元买了一棵苹果树，每年能结 10 个苹果，每个苹果卖 1 元，每年可以给你带来 10 元的收入，那么它的市盈率就是 100÷10=10，即你需要10 年回本，年化收益率为 10÷100=10%。当然，苹果树可能在成长过程中得了病虫害死掉了或者结果子数量减少了，那么你的净利润会下降，市盈率增大了，回本的时间也会变长。

但是，买股票不可能一招鲜吃遍天，所以市盈率还要结合其他指标来看。

指标 2：市净率。

市净率的英文是 price to book ratio，简称 PB，是用市值除以当前的净资产。这个净资产，是公司的总资产扣除所有负债的部分。假设公司全部的资产包括店面、原料、现金等，加起来是 1 亿元，但是公司还欠银行 7000 万元，那净资产就是 3000 万元。

通常来说，市净率也是越低越好，因为我们的目标是买到便宜的公司。

还是拿火锅店为例。由于经营受到排挤，生意每况愈下，所以你们决定以 200 万元的价格出售店铺。我们从市净率的角度估值，这家店的地段和面积至少能卖 150 万 ~180 万元，行情好能卖 200 万元。除此之外，店内的餐桌、装饰、厨房设备等价值 80 万 ~100 万元。店铺没有负债，那么估算净资产就是 230 万 ~280 万元，保守算成 230 万。市净率 = 市值 ÷ 净资产 =200÷230=0.87。此时就算火锅店没有赢利能力，买的人也捡了便宜。

把市盈率和市净率结合起来，你就能排除掉大部分垃圾公司以及被严重高估的泡沫公司，能省下好多精力。垃圾股票去掉了，选中好股票的概率自然就加大了。

指标 3：净资产收益率。

衡量公司的另一个指标是净资产收益率，英文是 rate of return on common stockholders' equity，简称 ROE。我们知道，PB= 总市值 ÷ 净资产，PE= 总市值 ÷ 净利润，那么 PB÷PE= 净利润 ÷ 净资产 =ROE。净资产收益率反映了你投入的净资产能给你带来多少回报。火锅店的净资产保守估计是 230 万元，假如当年的净利润是 50 万元，净资产回报率 ROE=50÷230=21.74%，这个指标非常直观地反映了一家公司的赚钱能力。

指标 4：股息率。

股票市场虽然阴晴不定、涨跌无序，但有一件事却是每只股票都无法回避的，那就是分红。它对应的指标就是股息率，这个也是非常值得我们关注的。

股息率其实不难理解，你存钱进银行，银行付你利息；你买国债，国家付你利息。

股息率 = 年度分红金额 ÷ 股票价格。比如工商银行，2016 年每股分红 0.233

元，2016 年 12 月 31 日的股价是 4.18，股息率约为 5.57%，比 3 年期的定期存款还高。从这个角度看，此时你把钱存银行，还不如买银行股划算。

总结一下，股票的重要估值指标有四个：市盈率、市净率、净资产收益率和股息率。市盈率和市净率代表一家公司是不是便宜；股息率代表一家公司给股东的分红是多是少；净资产收益率则说明一家公司的赚钱能力，越高说明赚钱越多。

总结 & 行动

在这一章我们认识了被很多人视为洪水猛兽的股票的本质，了解了上市公司的前世今生，还学习了一些给股票估值的重要指标。

本章的行动计划是：

1. 打开一家股票分析的网站，分别搜索市盈率、市净率和股息率排名。看一看排在前面的有哪些公司，有没有你熟悉的？

2. 你会不会买入这些公司的股票？

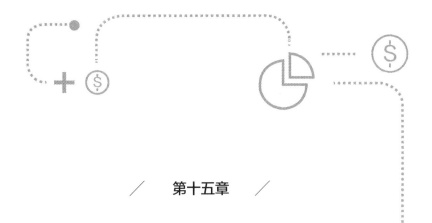

第十五章

从吃面，到喝酒，赚钱的公司就在身边

——股市淘金的故事

怎样发现好公司?

看完上一章，你可能会问："知道了这四个指标，就能找到赚钱的公司吗?如果这么简单，为什么还有那么多人在股市里亏钱呢?"

当然没这么简单!

不知道你有没有发现，很多市盈率、市净率比较低的公司，都是一些你没听过的名不见经传的公司。

其实这很正常，很多市盈率、市净率太低的公司，很有可能是一些不赚钱的公司。

那如何发现能赚钱而且价格还便宜的公司呢? 这稍微有点难度，不过，我也可以通过下面这个故事来说明一下。

上一章中，我提到了"股神"巴菲特。这一章我来说说另一个"投资大神"，彼得·林奇。

说起全球知名的运动品牌，你会想到哪些? 很多人映入脑海的，就是耐克那个大大的"勾"。

1987 年的一天，彼得·林奇去学校接儿子放学，无意中发现几乎所有学生都穿着带"勾"的运动鞋，这让他注意到了耐克。

耐克公司值不值得投资呢？我们先来看看彼得·林奇是怎么做的吧！

彼得·林奇详细调查了耐克公司的年报。他发现自 1980 年耐克公司上市以来，股票一直起起伏伏，上下波动。1987 年，耐克的股价从 5 美元涨到 10 美元，而后又跌回 5 美元，又再涨到 10 美元。投资者并不看好它。

彼得·林奇继续调研，他又发现，虽然短期内耐克公司的销售额在下降，但是新订单却在不断增长。于是他趁着 1987 年股市崩盘的时候，以 7 美元的价格买入耐克。而到 1992 年，耐克的股票涨了 1200%。也就是说，如果投入 1 万美元，卖出的时候就收获了 12 万美元。

你可能会说：彼得·林奇那可是投资大师啊！我们普通人怎么去找这种 5 年里涨 11 倍的股票呢？

当然是可以的。不过你要注意以下几个要素。

在股价被低估的时候买入。别忘了，耐克当时是不被投资者看好的。若是人人都看好，它的股价早就抬高了，又能有多少上涨的空间呢？

看公司的潜力。订单量增长，说明公司有潜力。

要有耐心和信心。持有 5 年，这个时间可不短。看好一家公司，你必须要有信心和耐心，能坚持到最后。

除了耐克，还有贵州茅台。贵州茅台的股价在我写这本书的时候，已经超过了 700 元，如此高昂的价格让很多投资者望而生畏。

可是你要知道，2013 年白酒塑化剂风波爆发之后，我国整个白酒行业的股价连连下跌。从五粮液、泸州老窖到贵州茅台，虽然一个个都跳出来公开表态自己的产品绝对不含塑化剂，但也架不住股价一跌再跌，当时贵州茅台的最低价探至 172 元，距离 2 年前的历史低价 170.9 元仅一步之遥。

现在回看，不到 5 年的时间，茅台股价从 170.9 元涨到 700 元，这是多好的机会啊！如果你在那时买了一手（100 股）茅台股票，花费 17090 元，那么到现在你的收益率已超过了 300%。

又比如牛奶的三聚氰胺事件，这是在 2008 年爆发的事。当时三鹿奶粉闹出三聚氰胺事件，伊利那会儿股价最低跌到 6.45 元，而在我写书时的价格是 29.48 元。如果你在那时买入 10000 股，花了 64500 元，那么到现在，你已经有了将近 30 万元，这个投资的收益率接近 400%。

白马股的精挑法则

看到这里，你可能会很懊悔，白白和赚钱的机会擦身而过。但仔细想想，你心中也不免疑惑，当时我又怎么知道以后能赚那么多钱呢？现在还有没有这种机会呢？

别急，既然只靠市盈率、市净率和股息率这三个指标不能简单粗暴地找到赚钱的公司，那么我给你介绍一个安全、稳妥、快捷的选股方法，那就是只买白马股。

白马股指的是长期绩优、声誉较好、信息透明、回报率高的股票。相比一些黑马股票，白马股的表现则是平稳上升，偶尔才会出现较强的升势。比如我刚刚说的贵州茅台，还有云南白药、腾讯控股、格力电器等耳熟能详的公司，都属于白马股范畴。

常见的白马股大都有 15%（甚至 20%）以上的年化收益率。你可能要问了："既然白马股这么好，有没有什么快速选出白马股的指标呢？"

有的！

在财务中有一个重要的指标——净资产收益率。看到这里，你有没有觉得很熟悉？

没错，就是上一章提到过的指标。把市盈率和市净率相除，就能得到净资产收益率，它反映的是你投入的净资产能给你带来多少的回报。

既然知道有白马股这个好东西，那它的选择标准是什么呢？

很简单：连续 7 年净资产收益率 ≥ 15%。如果你要求更严格，可以定为连续 10 年。

听到这里，你是不是迫不及待想要去找白马股了？那么，要去哪里搜索呢？

和市盈率、市净率一样，很多大型股票网站都有搜索净资产收益率的功能。到了这一步，你是不是准备赶紧下手了？别急！！！

白马股纵使千般万般好，但你要记住一点：别买贵了！

为了避免这一问题，就需要结合之前提到的市盈率、市净率一起考虑。

要记住，我们购买股票的依据是：

1. 找到能赚钱的好公司；

2. 买在这家公司股价被低估的时候。

净资产收益率解决了第 1 个问题，第 2 个问题可以交给市净率。

市净率是用公司的市值除以净资产，在选择白马股的时候，选择市净率低于 8 的股票，如果市净率高于 8，那就是太贵了，并不适合马上买入。

好了，如何简单快速地选出既赚钱又便宜的好公司，总结下来有两点：

1. 净资产收益率连续 10 年 ≥ 15%；

2. 市净率当前小于 8。

买股票前要问自己的问题

相信你已经发觉了，长期来看，决定公司股价的是公司的内在价值。

比如一家优质公司，每年经营得很好，很赚钱，但由于很少有人知道，所以股价一直很低。不过长久来看，是金子总会发光，它的股价也一定会涨到与它价值相匹配的水平，比如耐克公司。

而一家较差的公司，即使有一段时间疯狂上涨，股价也迟早会跌回它应有的价值。

所以赚钱的公司，其股价会随着公司的发展而稳步上涨；亏损的公司，其股价则会随着公司的没落而走向新低。

通常在买入一家公司的股票前，你需要问自己一些问题。

首先，这家公司是做什么的？

公司的主营业务是什么？你不知道一家饭店做什么菜，随便吃一顿，也能填饱肚子，但是你若不知道一家公司是做什么的，盲目扔钱进去，是很危险的。

其次，这家公司赚不赚钱？

这就要看净资产收益率了。每年那么多本钱投进去，能带来多少收益呢？这些都是可以查到的。

再次，这家公司为什么能赚钱？

同样都是生产饮品，为什么有的公司风靡全球，有的公司却业绩惨淡？当你购买这家公司的产品时，你不妨问问自己，为什么你选择这家，而不是其他家。

最后，什么时候买入这家公司？

当然是趁它便宜的时候了。所以，我们要注意避开牛市顶峰入市，避免追涨杀跌。

价值投资在中国适用吗？

对于价值投资，有些人可能会纠结地说："专家说了，A股的上市公司有很多虚假财报，市场又不成熟，价值投资根本走不通！"

实事求是地说，虚假财报确实是客观存在的，但是我们要理性看待。

首先，财报造假的公司还是少数的。

其次，媒体是一把双刃剑。媒体为了吸引眼球，增加传播性，会故意把一些问题说得很严重。另一方面，现如今大众得到信息的渠道多了。一个新闻热点出现，n 个公众号都在写，公司很多粉饰的做法逃不开公众的视线，更经不住时间的考验。

最后，还有人认为，A 股太年轻了，不够成熟，不够有效，所以不适合价值投资。A 股的确年轻，目前只有短短几十年的历史，确实不像美国股市那么成熟有效。但别忘了，价值投资者之所以能成功，就是利用了市场的无效性。因为市场无效，所以价格和价值之间才会有差异，甚至可以差很多，这样才会有被低估的公司。如果市场时时刻刻都是有效的，价格准确地反映了价值，那么就不会给价值投资者机会了。而事实是，市场太复杂了，像人一样情绪不定，这使得价格经常背离价值，有时候远高于价值，有时候远低于价值。价值投资者就是要寻找这样的时刻，在价格低于价值时买入，等待价格高于价值时卖出，以此获利。

投资是一件实践性很强的技能，只有下水了才能学会。所以呢，只有早早学习、早早实践，才能锻炼自己的能力，在擅长的领域用擅长的方式最大限度地获利。

开户的选择技巧——股票交易费用

很多人听了很多理财知识，也知道具体原理，但是一旦到了实战，就不知道怎么行动了。而且往往卡在第一步，不知道该选择哪家券商。

我就帮人帮到底，给你盘点一下。

不同的券商公司虽然看起来差不多，都能买卖股票，但是比过才知道，不同的券商收取的手续费差很多。一定要挑佣金少的券商，毕竟省的就是赚的！

在股票交易中，手续费往往是一笔糊涂账，容易被大家忽略掉。有些人会说："不清楚就不清楚呗！手续费能有几个钱，我可没有精力去管它，我还要专注年化 20% 的收益呢！"

我给你举个例子。

假设你有 10 万元投资股市，佣金是千分之一，你每个月把这 10 万元全部满仓操作买 5 只股票。每个月的手续费是：

$100000 \times 0.001 \times 10 + 100000 \times 0.001 \times 5 + 100000 \times 0.00002 \times 10 = 1520$ 元。

一年下来，手续费保守估计在 18240 元左右。而如果你的佣金是万分之 3，相当于之前的金额打了 3 折。同样一年下来，佣金大约只要 9840 元。这样算的话，你至少每年省掉了 8400 元。

如果你资金量远不止 10 万元，而是 100 万元，那么省掉的佣金就相当于 8.4% 的收益率。

所以，如果你只盯着 20% 的收益率，却不关注手续费，到头来收益会远远低于期望值。

不得不说，炒股前就琢磨清楚手续费的小伙伴，真的是很幸运！

股票交易费除了佣金，还有哪些呢？

所谓的股票交易费，就是投资者在买卖股票时需要支付的各种费用。不管刮风下雨还是海枯石烂，这笔钱都要交。你赚得盆满钵满，券商也不会让你多交一分钱；你赔得连底裤都没有了，券商也不会给你打一点折扣。

股票交易费主要包括三项：佣金、印花税和过户费。

佣金

佣金是给证券公司的钱，这是可以调节的。此处画重点：佣金是我们在股市中唯一一项可以降低的费用。从上面的例子可以知道，降低佣金的效果非常显著。

所以，你一定要擦亮眼睛，挑一个靠谱的券商。这里给你提供一个佣金标准：考虑到券商的经营成本，底线差不多是万三，你可以把万三当作标杆。

印花税

印花税是给国家的钱。印花税的费用是交易金额的千分之一，此部分仅在卖出的时候收取。

过户费

过户费是更换户名支付的钱，是证券公司帮中登公司代收的。

中登公司的原名是中国证券登记结算有限公司，它的主要职能体现在"结算"上。所有的交易活动，都得通过它来操作。买卖股票要交万分之0.2的过户费。

关于股票交易费的问题，我们就讲完了。总结成三点就是：

1. 佣金，是买卖股票时给券商的费用，万分之三的佣金是底线。

2. 印花税，是卖出股票时的费用，这笔钱为交易金额的千分之一。

3. 过户费，是买卖股票时的"改名换姓"费，这笔钱是交易金额的万分之0.2。

有没有什么办法降低交易费用呢？这里传授你两招，帮你把费用降到最低。

首先，降低佣金。

佣金是唯一可以调控的。你可以选择佣金低的券商，也可以在开户之后跟券商工作人员商议，还可以趁券商搞活动、降低佣金的时候开户。

其次，减少交易次数。

你每次交易都会产生相关费用。如果交易太过频繁，每月辛苦赚的钱就全交手续费了，自己白忙活一场。因此，买入时要谨慎一些，持有时要耐心一些，减少交易次数。

总结 & 行动

　　学习股票是投资很重要的一步。要知道，通过股票账户，你不仅可以买卖股票，还可以买卖基金、债券等投资品。

本章的行动计划是：

1. 如果你还没有股票账户，挑选一个规模大、值得信任、佣金不高的券商，赶紧开户吧！

2. 如果你已经有了股票账户，联系券商问问能不能降低佣金。如果佣金不理想也不要紧，每个人最多可以拥有 3 个股票账户。你可以按照我教你的方法，选择一个性价比高的账户交易。

第十六章

外国的月亮真的更圆吗？

——海外投资从哪里起步

海外投资什么？

如果你玩过大富翁游戏，一定知道钱夫人有句口头禅："积极投资不动产。"

投资不动产有什么好处呢？

首先，房地产是人们生活的必需消费品，但又不同于一般的消费品。一般情况下，房子的长期耐用性为投资赢利提供了很多时间上的机会。

其次，房地产的价值相对比较稳定。

房地产相对其他消费品，具有较稳定的价值，科技进步、社会发展等对其影响相对较小。它不像一般消费品，如汽车、电脑、家用电器等，折旧太快，没几年就报废了。

最后，房地产具有不断升值的潜力。

土地资源是有限的，居民生活水平也在不断提高，整个社会对房地产有着长期的需求。简单来说，人总是要住房子的，而且有不断改变居住条件的需求。这些机会为房地产投资带来了可预期的收益。

话说回来，我经常被问到的一个问题是："我有一笔钱，可中国房产太贵了，买不起，中国股市太吓人了，不敢买。怎么办？"我的回答是："简单啊，买国外房产不就行了！"

投资房地产之前，你需要知道哪些事

买国外房产，乍一听你可能会觉得非常遥远，但听我给你慢慢道来。

放眼全世界，其实没有哪个国家的人比中国人更喜欢买房了。房价的不断上涨，让很多没买房的人越来越焦虑。许多人到处打听："房价还会继续上涨吗？我现在该不该买房呢？"而买了房子的人呢，看着房价涨上来，心里也在暗暗纠结。一方面，担心房价下跌；另一方面，又觉得房价虽然上涨了，但买来是自己住，又不能卖，只是纸上富贵而已，还背着那么沉重的房贷，真是一言难尽！

其实，在这里你要分清楚，你住在哪里和你在哪里买房是两件事。

你住在哪里，是一个感性的决定。但你在哪里买房，是一个投资的决定。在投资决定上，你只需要考虑哪里的投资回报率高。

你可能会争辩说："但是，不住在自己的房子里，感觉很不安全啊。"这我只能摇头了，如果你能摆脱这种心理，天地会开阔许多。

很多人买房的时候，并没想明白是投资还是自住。如果是自住，那不在本章讨论的范畴；如果是投资，有些东西你是一定要知道的，这也是投资中的量化思维。

你可能听过一个词，就是"以租养贷"。这也是部分人的梦想：当一个包租公婆，收收租金，轻轻松松实现躺着挣钱。如果你想当包租公婆收租金，你首先要知道什么是租售比。

租售比，顾名思义，就是租金除以房价。严格来讲，房屋租售比 = 每平方米建筑面积的月租金 ÷ 每平方米建筑面积的房价。

　　为了便于理解，我用房屋租售比的倒数，也就是房屋售租比来讲述。房屋售租比代表什么呢？你可以理解为：在当前的房价和租金都不变的条件下，你需要多长时间收回你的投资。

　　一般而言，按照国际经验，在一个房产运行情况良好的区域，应该可以在200~300个月完全回收投资。如果少于200个月，也就是17年就能收回投资，说明这个地区有较高的投资价值；如果一个地区需要高于300个月（25年）才能回收投资，则说明该地区有潜在的房产泡沫风险。

各国房价大比拼

　　我有个高中同学曾来找我做资产规划，她想卖掉上海的房子，移民法国。但又觉得法国的房价比较贵，回报率不高，问我该怎么办呢？

　　我说："法国房产的投资回报率，也就是租售比，只有2%左右，在全球范围内是比较低的。"我的建议是：买英国伦敦的房子，然后拿到英镑租金之后，换成法郎来付自己的房租。

　　放眼全世界，现在有哪些国家的房产值得投资呢？美国房产从2009年见底回升，如今已经创新高了。加拿大和澳大利亚的房产，目前来说也比较贵，而且它们的政府屡屡出手打击国际买房者。这几个地方明显不合适。

　　有两个国家的房产是明显被低估的，可以说各有千秋。

英国房产

　　自从英国退欧风波之后，英国房产的价格虽然没跌，但英镑跌了。于是以英镑计价的英国房产便宜了，提升了英国房产的收益率。大伦敦区现在的租金收益率在3% ~ 5%。伦敦以外的地区，暂时不在考虑范围。

英国房产的优势是：

第一，可以享受未来英镑升值和房产增值的双重优势；

第二，可以享受永久产权。

当然也有劣势，那就是英国房产的单价很贵，在伦敦买一套房没有几百万元是拿不下来的。

你还可以购买英国的房地产基金，比如 British Land（BLND–L），其持有的物业 60% 在大伦敦区，每年有约 4.6% 的分红。而你唯一需要做的，就是开一个英国的证券账户。

日本房产

日本房产从 20 世纪 90 年代崩盘之后，直到 2016 年年初才见底。26 年的时间，培养出了日本人只租房不买房的习惯，所以日本房租在不断上涨，房价却上涨不到 10%。现在大阪的租金收益率能到 6% ~ 8%，东京在 3% ~ 5%。

日本房产相比英国房产有更多的优势：

首先，房租收益率高。

其次，适合小资金量者。日本的人口密度大，房屋比较小，40 万元就能买一套大阪的房子。

再次，日本房价会涨。2020 年东京奥运会还有不到 2 年，日本允许建立赌场以及逐步放开移民政策，这都会带动房地产的上涨。

最后，日本房产也是永久产权。

日本买房的优势

我从 2016 年开始就在关注日本房产。目前我有三个宝宝，我也给他们在日本每人买了一套房子，作为教育基金。

听上去好像很厉害，但其实三套房加起来也没超过 300 万元人民币。我的第一套房子是在 2016 年 10 月份买的，也就 40 万元。如今房价涨幅已经接近 40% 了，这还没算我每年拿到的 4 万元房租呢！

很多人问我："为什么要投资日本房地产？"当然是为了赚钱啦！

基于以下三点，日本房产可以赚钱。

第一点：租售比高。

第二点：日元增值。

第三点：房产增值。

这三点很清楚地表明，日本房产是一个值得投资的价值洼地。

大部分人顾虑的风险是：地震了怎么办？

在大家印象中，日本是个地震频发的地区。地震把房子震倒了怎么办？

首先，日本房子的抗震性普遍都非常好。

其次，日本所有的房屋基本都有地震保险。也就是说，如果因为地震房子塌了，这根本不是坏事，因为保险公司会赔你相应的资金。

最后，别忘啦，日本的土地是永久产权。即便你买的是一栋高楼中的一间房，也能按比例分得土地。

总结 & 行动

这一章说了这么多关于日本房产的投资机会，你可能已经开始好奇了，哪里可以看到日本房产的投资知识以及投资机会呢？看看下面的行动计划吧。

本章的行动计划是：

1. 关注我的公众号"水湄和小熊们"，我会不定期分享日本买房的估值方法和相关心得；

2. 关注我日本小伙伴的公众号"外投家"，里面除了介绍日本房产的买卖和估值方法，还有很多日本当地的最新资讯，给你提供有潜力、但价格被低估的房产的第一手信息。

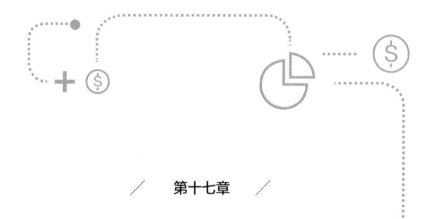

第十七章

人生最开心的事，就是躺着赚钱

——债股平衡

什么是资产配置？

看到本章的标题，你会不会觉得很神往。躺着挣钱，这是多少人梦寐以求的生活啊！

所谓"躺着挣钱"，是指你不用花费太多精力和时间，就可以等着钱自己到账，也就是投资带来的被动收入。如何能轻松获得尽可能多的被动收入呢？

这就要引入一个概念，资产配置。

什么是资产配置呢？很多同学想投资，辛辛苦苦攒了 3 万元、5 万元或者 10 万元，但是面对林林总总的投资对象却犯了难，该投资什么呢？该投资多少呢？都说股票收益高，可以跑赢通货膨胀，那应该把所有钱都拿来买股票吗？

我想，就算是完全不懂投资的人，都可以用常识判断，把全部的钱都拿来买股票肯定是不行的。

为什么？有一句话相信大家已经听得耳朵都快起茧啦——不要把鸡蛋放在一个篮子里。这句话出自非常著名的小说《堂吉诃德》，是西方人耳熟能详的一句俗语。随着这些年来理财知识的普及，这句话几乎也快成为中国人民的俗语了。

很多小伙伴是这样理解这句话的：既然说不要把鸡蛋放在一个篮子里，那我把鸡蛋放在几个篮子里总可以了吧。本来我打算把钱拿来买一只股票，那现在我就多买几支。或者有些小伙伴是这样理解的：你们总说P2P风险高，本来我只投一个平台，现在我多找几个平台投，这样风险就小了吧？

其实，这样做的小伙伴还真没好好理解这句话的意思，也不懂什么是真正的资产配置。

如果遇到熊市，整个市场上绝大多数的股票都齐刷刷地往下跌，你买十几只股票和一只股票，区别其实不大。

而P2P作为一种风险比较高的投资，就算你把自己的钱分散在很多个平台上，整体来看你还是承受了较高的风险。P2P倒台往往是有连带效应的。一些本来还凑合的P2P平台，因为其他P2P平台"跑路"而遭遇挤兑，本来还能支撑的资金链断裂，最终导致大面积倒闭潮。

所以，如果把资产都投资在一个品种中，你要承受的是这个品种的整体风险。

究竟什么是真正的资产配置呢？用一句大白话说，就是如何对自己的资产进行安排。

我们不讲"高大上"的专业术语，就从两个层面来分享资产配置的概念。这里有两个关键词：一个是资产，一个是安排。

"资产"就是我们的现金、房子、车子、股票、基金、商铺等。"安排"听起来很简单，但要怎么安排才合理，才能在控制风险的前提下获得预期的收益，进而实现自己的理财目标，这个是很有讲究的。

资产配置可以从两个层面去了解。

1. 如何安排我们每个月的收入和家庭的资产？

这个属于大的层面。比如一些已经结婚的读者，假设每个月两个人的收入是1.5万元，这些钱该怎么分配呢？是全部花掉？还是有计划地将一部分用于开支，一部分存起来作为紧急备用金，还有一部分用来投资？

同样的家庭收入，不同的安排，一年下来，家庭的资产情况会截然不同。

2. 积累了一些资产之后，这些资产该如何分配呢?

有些人会把钱完全放在银行卡里，这实际上是没有多少收益的。那该怎么让它们活跃起来呢? 这里我要告诉你一个概念，就是美国的标准普尔家庭资产象限，如下图所示。在这个象限图里，钱被分成了四份，10% 的钱用来短期消费，平时吃饭、逛街、买衣服、看电影，偶尔出去旅行一次；20% 的钱用来买保险；30% 的钱用来买股票等高风险资产，追求钱生钱；最后 40% 的钱保本升值，用来养老和子女教育。

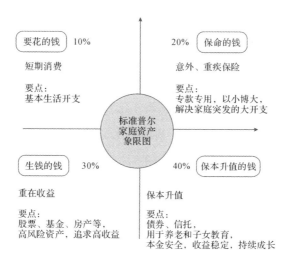

标准普尔家庭资产象限图

这个标普象限图针对的是美国的投资者，至于中国的投资者嘛，大体思路可以参考，但千万不能生搬硬套。比如，拿家庭资产的 20% 去买保险? 那得先看看自己家庭是什么情况。而且，在中国由于社会多层次化，并不存在一种适合大部分人的资产配置，大家需要根据自己的实际情况进行相应的配置。

想知道该怎么投资，就得先打基础，看看市面上最常见的投资品种有哪些，了解它们的潜在风险和相关收益。

市面上的投资品，按照潜在收益和风险排序，从低到高依次是银行存款、国债、货币基金、地方政府债、其他类型基金、股票。再往上就是外汇期货和收藏品，这些我们普通老百姓玩不起。

你或许会问："银行的理财产品怎么没有提到呢？"

很多人一提到银行理财产品，就觉得银行发行的理财产品肯定没风险，买、买、买！实际上，银行理财产品也是多种多样的。有些风险真心不低，所以在买之前，还是要研究一下产品说明书，看看是否保本、风险评级如何以及募资的相关用途。如果一款银行产品对风险语焉不详，对钱的去向也说不清楚，只是号称高收益，那你就得想想要不要把钱交给银行了。

了解了市面上最常见的投资品之后，我想你差不多明白了什么是资产配置。所谓资产配置，就是把钱在这些投资品中进行分配的过程。

举个例子，有人的投资愿望是实现年化 15% 的收益率。先不考虑其他因素，我们看看有哪些投资品可供选择。要想年化收益率达到 15%，可以选择信托、股票、某些高收益的基金和某些银行理财产品。是选择其中一种投资品，还是选择几种投资品，这个过程就叫资产配置。

总结而言，资产配置可以从大小两个层面来理解。大的层面是对整个家庭的收入、资产进行安排的过程；小的层面则是投资的时候，如何分配自己的可投资本金。

懒人资产配置法

本节会介绍一个最简单、最好用的资产配置法则——50∶50 的资产配置法。

这个资产配置的方法是：你把手中可以投资的闲钱平均分成两半，一半投资股票市场，一半投资风险较低的固定收益类产品，比如货币基金、债券、债券基金等。这里要记住，一定是闲钱才可以用于投资，不要把马上就要用的钱拿来投资，更不要借钱投资，这是投资之前必须牢牢遵守的重要守则。投资于股票市场的那一半呢，如果你是新手，就不要费尽心思去想该买哪些股票啦，直接买指数基金。

随着时间的变化，这 50∶50 的平衡是会被打破的。举个例子，小花同学有 10 万元，在 2015 年年初拿了 5 万元买沪深 300 指数基金，剩下 5 万元买了债券基金。很不幸，她没能逃过 2015 年的熊市，但幸运的是债券基金表现还不错，获得了大约 10% 的收益。到 2015 年 12 月份的时候，小花同学的这 10 万元是这样分布的：

股票亏损 15%，只剩 4.25 万元；

债券赢利 10%，变为 5.5 万元。

那么她现在的总资产是 9.75 万元，股票就只占到约 44%，而债券基金占到 56%。这个时候，小花同学就需要卖掉一部分债券基金，买入一部分指数基金，让股票和债券的部分继续保持 50∶50。

你有没有感觉似曾相识？没错！第九章基金策略中的四步定投法，最后一步说的就是资产的动态平衡。也就是说，无论是涨还是跌，每过一段时间，你的高风险资产和低风险资产要保持在一个合适的比例，这种调整一般一年一次。

这么做有三点好处。

第一，保证你的资产配置符合自己的风险承受能力。

风险承受能力是指你能承受多大的投资损失，而不致影响你的正常生活。在不同的人生阶段，个体或家庭的风险承受能力是不同的。一般来说，单身年轻人的风险承受能力要比成家立业、上有老下有小的人高；年轻人的风险承受能力要比老年人高。对于二十几岁的小伙伴，手里几万元就算全部亏损了，也不会太糟糕，最多从头来过，有的是时间和机会。对于 60 岁的人来说，他就不能承受太高的风险。一旦手里的钱亏损了，可能就意味着养老金没了。

第二，保证低买高卖，和人性弱点做对抗。

动态平衡的要求是，配置的其中一项资产超过一定比例的时候，就卖出。以股票为例，在 50∶50 的资产配置中，它超过 50% 是因为涨了，此时就卖出超过的部分；而低于 50% 的话，则要买入更多。资产配置强迫大家做到了一件平时很难做到的事情，就是低买高卖！

"股神"巴菲特有一句名言：在别人贪婪的时候恐惧，在别人恐惧的时候贪婪。在市场中，人们往往舍不得卖掉上涨的资产，总是期待它能涨得更高一点。而当某个资产下跌的时候，即便理智上意识到这是一个好的机会，但因为恐惧，没有几个人能够真正做到果断买入。严格遵守动态平衡的人，却正好在不自觉间实现了低买高卖。

当股票一跌再跌，在你的资产占比中越来越小，你就要不断补仓，买入更多的股票。这样当牛市来的时候，你就比那些入市晚的人有更大的优势，因为你买入的价格低，成本也低，也就获得了更多的收益。而在牛市下半场，别人都在一个劲地追涨，你却卖出股票，转而买入低风险的资产，所以当熊市来临的时候，你的损失也会比别人小。

第三，节省时间，降低交易费用。

首先，动态平衡法是推荐给没有足够市场经验以及没有足够时间精力的白领上班族的。它的出发点在于，充分认识到自己在市场上的弱势地位，尽一切可能规避需要主观决策的投资决定。

其次，动态平衡法既没有涉及怎么选择股票，也没有说要什么时候进场，就是一个完全被动的投资方法，这也强制我们不要预测市场。

有很多投资新手最喜欢问的两个问题是"有没有什么推荐的股票？"以及"你觉得以后的走势会如何？是牛市还是熊市？"

没有人可以预测市场。我怎么知道明年的股市会如何发展呢？我们这些普通的投资者能够做的，就是以不变应万变。股市涨，我赚钱；股市跌，我也不怕，因为资产配置中还有低风险的资产，可以抵挡一部分风险。更何况股票跌了说不定意味着更好的机会呢！

最后，股票交易是有交易费用的。如果算上佣金、印花税、基金的管理费等，频繁交易会导致大概率亏损。

遵守动态平衡，你不用挑具体的时间去买股票，不用花大量的时间和精力，每年拿出不到半个小时的时间去调整一下组合即可，还有比这性价比更高的投资方法吗？

50 ：50 的有效性检验

你可能有点疑惑："保证一定的股债比例，每年做一次动态平衡，这个道理我懂了。但是，为什么是 50 ：50 呢？"

因为这是经过检验的最有效的方法！好记，也好操作。

举个例子，下图为沪深 300 指数 2006—2014 年的数据。

日期	沪深300 点位	年末股票市值 / 万元	年末现金 / 万元	平衡后股票市值 / 万元	当年股市涨跌	当年资产增幅	总股市涨跌	总资产涨跌
2006.12	2000	50.00	50.00	50.00	100%			
2007.12	5300	132.50	52.00	92.25	165%	85%	165%	85%
2008.12	1800	31.33	95.94	63.64	−66%	−31%	−10%	27%
2009.12	3600	127.27	66.18	96.73	100%	52%	80%	93%
2010.12	3100	83.29	100.59	91.94	−14%	−5%	55%	84%
2011.12	2300	68.22	95.62	81.92	−26%	−11%	15%	64%
2012.12	2500	89.04	85.19	87.12	9%	6%	25%	74%
2013.12	2300	80.15	90.60	85.38	−8%	−2%	15%	71%
2014.12	3500	129.92	88.79	109.36	52%	28%	75%	119%

这就是一个简单购买沪深 300 指数基金，并采用 50∶50 平衡策略的效果。每年选择一个固定的时间点（比如年末、年初、年中的某一天），到这一天时，无论股市涨跌，都将股票资产与现金资产的比例恢复到 50∶50。看下来，股市虽然有涨有跌，但是总资产都是正收益。

细心的你可能已经发现了，50∶50 股债平衡法发挥威力的时间，恰恰是在熊市。

90% 的股民一般会在牛市阶段入市，这个时候周围的朋友都在赚钱，大家都在比谁赚得更多，全都杀红了眼。但是 50∶50 股债平衡法会帮助你很好地控制住自己。随之而来的熊市，就是 50∶50 大显身手的时候了。在熊市中避免大幅度的亏损，比在牛市中赚了多少更为重要。

毕竟，巴菲特做投资的三大原则是：

第一条，不要亏钱；

第二条，不要亏钱；

第三条，牢记前两条。

50∶50 的实操方法

50∶50 股债平衡法具体该如何操作呢？

如果你是非常懒的人，请直接选择普通版：拿出 50% 可投资金买沪深 300 指数基金，另外 50% 的资金买货币基金。比如说你有 10 万元，那么 5 万元买沪深 300 指数基金（代码是 510300），另外 5 万元放到余额宝里，每年看资金的比重调整一次。

如果你不满足普通版，也可以尝试下升级版。在此强调，投资要谨慎！

升级版适用于对股票有一定程度了解的小伙伴。你可以尝试用一个 5~6 个股票的组合（比如白马股）来替代沪深 300 指数基金；另外 50% 的低风险配置，可用债券或者债券基金来替代货币基金。与此同时，还可以把固定的 50∶50，调整到 60∶40，甚至 70∶30。原理是，在熊市的时候逐步提高股票的比例，在牛市的时候逐步减少股票的比例，目的也是低买高卖。

至于白马股怎么选、债券基金怎么选呢，这里我带你复习一遍，省得你来回翻书。

白马股的筛选方法是：净资产收益率连续 10 年大于 15%，同时当前市净率小于 8。

债券基金的筛选步骤是：

1. 挑选纯债基金，也就是只投资债券、不投资股票的基金；

2. 至少要用近 3 年的基金表现来进行排名，选出前 10 或者前 5 名；

3. 依次根据基金经理的更换频率、费率的高低、基金的规模和基金的成立年限，来选择具体的债券基金。

无论选择普通版还是升级版，你都要确定一个具体的调整时间，比如说每年的 12 月 31 日。如果这一年股票大涨，你需要卖出股票，买入低风险的货币基金或债券基金，使调整后这两种资产的市值恢复到 50∶50。

你也许会疑惑："50∶50 股债平衡法，一半投资股票，一半投资债券或者货币基金，听起来很简单。这样投资的话，人人都能赚到钱了，那为什么还有那么多的人亏钱呢？"

这是因为，这个策略听着容易，但真正执行起来很难。人一开始进入股市，总是很难克制自己的交易冲动，也很难在短时间里对自己和市场有充分的认识。

与此同时，因为这套策略实在是太简单了，普通投资者稍稍学一下，就能知道这个被动投资的原理。但这其中有个最大的问题——推行这个策略没有钱赚！50∶50 股债平衡法既不用怎么交易，券商自然没有动力推；普通投资者一学就会，一会就能上手，几乎不需要专业管理者，基金公司也不会喜欢。普及和推广 50∶50 股债平衡法，慢慢变成了一种类似公益的事情。

总结 & 行动

所谓"大道至简"，这就是我们这一章的精髓。

本章的行动计划是：

1. 盘点一下，你总共能拿出多少资金来进行投资？

2. 给自己设置一个资产规划，你会选择 50 ：50 普通版，还是升级版？

3. 给自己设置一个每年调整资产配置的具体日子。

/ 第十八章 /

他是如何亏掉了全副身家的

——避开那些金融诈骗的坑

庞氏骗局

金融诈骗有哪些呢？太多了，我随便就能给你举出一大把例子。

我们之前讲过 P2P 的内容，现在普及下庞氏骗局的伎俩。

20 世纪，意大利有一个投机商名叫查尔斯·庞兹。他跟很多投资者说他发现了一个很有潜力的行业，如果把钱投资进来，会在 3 个月内得到 40% 的利润回报。40% 的回报？不得了！要知道，银行存款的回报还不到 4% 啊！但是，说有 40% 真的就有吗？不是骗人的吧？

一开始的投资者并不多。就算有人投资，也只是拿少许的钱来试水。结果 3 个月过去了，这些投资者果然拿到了 40% 的利润。一传十、十传百，投资者越来越多，投入的钱也越来越多。

这么高的利润是怎么来的呢？

事实上，这个所谓有潜力的行业，根本就是庞兹编出来的。他只是把新投资者的钱，作为利息付给一开始进入的老投资者，只要不断有新人进来，就有钱进来，就能用新人的投资本金来支付老人的投资利息。

庞兹成功在 7 个月内吸引了 3 万名投资者，这场阴谋持续了 1 年之久。1 年之后，能拉的人都拉得差不多了，没钱进来了，资金链就断了。那些被利益冲昏头脑的投资者也终于清醒过来，只是付出去的钱已经血本无归了。

这就是"庞氏骗局"，典型的"拆东墙补西墙"。

传销也是根据庞氏骗局衍生出来的一种欺诈手段，它们都有三个特点：

1. 许诺的收益高到离谱；

2. 需要不断有新人加入才能维持资金链；

3. 投资者关注的是收益，骗子关注的是本金。

现金贷

你也许会问："是不是只要自己不贪心，不一味追求高收益，就不会被骗呢？"你这么说，实在是太低估骗子的智商了。我再跟你说一个这两年如火如荼的行业——现金贷。

很多小伙伴对现金贷、校园贷这些名称的认识比较模糊，以为是还不起借款。那你有没有想过：为什么会还不起呢？说白了就是四个字：利息太高。说得更直接一点，这其实就是高利贷。

我们都知道，去银行贷款要经过层层审批，提供房产证等各种资产证明，前前后后可能要几个月才能贷到款。

没办法呀，这不得确定你能还得起钱吗？要是你还不起，银行也不能拿你怎么办，顶多是拍卖你的房产。那银行贷款利率一般是多少呢？6% ~ 7%！

由于银行贷款的门槛高，而民间对资金借贷又有大量需求，所以很多民间小微企业和个人都会选择门槛低得多的小额贷，也就是现金贷。

现金贷的全称是小额现金贷。我们知道，银行贷款动辄几万元、几十万元；而现金贷可能也就几千元，最多也就几万元，但是利息可不是年化 6% ~ 7% 了，而是高得吓死人。比如说，你借 1000 元，14 天期利息只要 4 元，也就是 10%，看起来很低是不是？

但你要知道，这个 10% 不是年化利率，而是这 14 天的利率。除此之外，你借 1000 元，平台还要额外收快速信审费 72 元、账户管理费 24 元，总共 100 元。这样算下来，表面上借贷利息是 4 元，但实际加上各种费用，借贷利率已高达年化 261%。

为什么要这么收呢？

很简单，我国的法律规定，年化利率超过 36% 的都属于高利贷，不受法律保护，所以现金贷要搞各种名目来收钱。

你觉得按时还就行了？我告诉你，很多现金贷恰恰希望你不要那么着急还钱。为什么呢？很简单，如果你到期还不上钱，就要支付高额的滞纳金。不知道你有没有听过"借款 1 万元，输进去 1 套房"的真实案例。

这个事件的前因后果是这样的：

一个刚毕业的小伙，向现金贷平台借了 1 万元。1 年下来，连本带息加滞纳金，变成了 4 万元。催收员，也就是讨债的人，给年轻人出了个主意，让他去一个新的平台借款，还自己平台的钱。

结果连本带息滚成了 8 万元。第二波催收员故技重施，让欠款滚成了 20 万元。滚到第四次的时候，年轻人已欠款 40 万元了。当时这个小伙快崩溃了，但催收员丝毫不妥协，直接找到了小伙的父母。老两口没有办法，将家里唯一的一套房子贱卖，还清了债务。

有的小伙伴会问：这么高的利息，这些现金贷平台就不怕钱收不回来吗？

不怕！因为平台有催收员。在现金贷的暴利游戏中，吃亏的永远是"老实人"。

行业数据统计，只要现金贷的坏账率不超过 50%，就能赢利。也就是说，哪怕有一半的借款人还不起钱，剩余的一半借款人仍然能够让现金贷的从业者赚到钱。他们赚的是谁的钱？还不是羊毛出在羊身上！所以，千万不要碰现金贷。

说到这里，你可能会发现庞氏骗局和现金贷有某种微妙的联系。

庞氏骗局，是用高额的利息来吸引投资者进入，利息越高，吸引的投资者就越多。

而现金贷则恰恰相反，是把利息这个数字尽可能地缩小、打散。比如说，明明算下来一年的还款利息超过 200%，却可以被包装成每日利息 1%，再巧立各种名目，变着法地多收钱。

我们如何避免这类陷阱呢？我告诉你一个"七二法则"。

七二法则

用 72 这个数字除以投资回报率（或者贷款利率），得出的数字就是过多少年本金可以翻倍。

比如，一款产品的年化收益率是 6%，那么 72 除以 6，得出 12，即 12 年之后，本金翻倍。以此类推，如果年化收益率是 8%，那么 9 年以后本金将翻倍。

对待庞氏骗局和某些 P2P，你要警惕起来，说年化收益率 10%、15% 的，用 72 一除，本金动辄 7 年、5 年就能翻倍，有那么好的事吗？

要知道，目前市场的整体回报率平均只有不到 6%，所以年化收益率超过 10% 的高收益产品大多很难长久。为了维持高收益率，一些平台只能靠不断拉新人，嚷嚷着自己的收益高，骗人、骗钱进来。新的资金有了，就可以借新还旧，维持平台的运转。但当借的钱越来越多，利息还不起了，又没有新人进入，资产链条肯定就崩溃了。

对于现金贷，我的建议是：绝对不要碰！

对于实在缺钱的人，比如说刚毕业的大学生，我建议，在现金贷平台和父母、朋友之间，还是要选择向父母、朋友求助！毕竟，当你真的还不起高额利息时，你的父母也会跟着一起倒霉。

目前现金贷还游走在红线边缘。业内有两种观点：一波人认为坚决不能碰现金贷，认为这个商业模式"原罪太重"；而另一波呢，忙不迭地纷纷转型做现金贷，生怕哪一天监管下来了，就没机会做了，由此错过一波红利。

不论你投资也好，借钱也好，当你吃不准一款产品的利率的时候，第一步要先把它换算为年化收益率，第二步试着用七二法则来算一下。那种不到 1 年本金就能翻倍的投资，你敢投吗？

骗子的套路——五维分析法

弄懂了庞氏骗局和现金贷的套路之后，我想，你应该可以绕开大部分的金融诈骗了。

但骗子依然存在，而且手法也变得更加隐蔽和高级了。万变不离其宗，面对骗局，我总结了一个五维分析法。以后面对任何投资，你都可以套用这个五维分析法，一眼看穿它是不是骗局。

这五维分析法是什么呢？请记住下面五个条件：

1. 有一套新的理论；

2. 告诉你：这次不一样；

3. 用疯狂上涨或高收益来吸引人们的注意；

4. 所有人都在说：再不加入就晚了；

5. 大部分参与的人都不明白这套新理论。

以上五维分析法的条件，某项投资产品如果全部符合，一般都是惊天大骗局。

我们学习投资、学习理财，就是在用理性武装自己。理性的可贵之处，就在于客观和冷静。各种分析图上蹿下跳的走势，说到底，是人心理的曲折起伏。

要避开金融诈骗的坑，其实是在和人性的弱点博弈。明白每一笔投资的前因后果，明白自己的钱从哪里来、到哪里去，这才是保护我们财富的不二法门。

总结 & 行动

这一章我们了解了庞氏骗局，也知道了市面上一些骗局的原理及相关识别方法。你还会被高收益投资诱惑到吗？

本章的行动计划是：

1. 找到一款现金贷，对照其收费和利率，算一算它的年化利率是多少。再用七二法则演算一下，问一问你自己：会向这款现金贷产品借钱吗？

2. 使用五维分析法，分析一款你怀疑是骗局的投资产品。

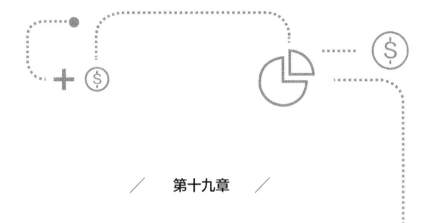

第十九章

那些富豪教我的事

——巴菲特、马云的经验和教训

乍一看这个标题，可能你会觉得：巴菲特和马云都是成功人士，他们的故事都家喻户晓了。这最后一章，是要灌鸡汤了吗？

谁不知道成功需要努力、需要专注、需要自律、需要克服无数的困难呢？但是，并不是所有的错误和失败都是成功前的练习。仅仅有坚持和努力是不够的，如果你的方向错误，那相当于白费力气。

正如小孩子学习走路，要从每一次摔倒中吸取经验。他们要学习怎样平衡身体，怎样扶着墙壁，怎样增加腿部力量，然后一步步迈向成功。

所以，即使是最后一章，我也要干货到底。

在我看来，巴菲特、马云以及他们所代表的"成功人士"，之所以能有今天的成就，总结为四个字就是：善用杠杆。

这个杠杆也分为四种，分别是钱的杠杆、时间的杠杆、人的杠杆和方向的杠杆。

钱的杠杆

你可能听过，幼年时代的巴菲特并不是过人的天才，也没有特别优秀，只是一个普普通通的少年。他于1930年出生，那时正是美国大萧条的时候。巴菲特 6 岁开始做生意，11 岁第一次投资股票。他是一个巧用杠杆的人，之后靠着先天对投资的热爱和钻研，身家一路暴涨。

巴菲特是如何利用钱的杠杆的呢？概括为三个字：滚雪球。

巴菲特 6 岁开始卖口香糖，后来卖可口可乐，他将自己的零用钱作为进货成本，赚了第一桶金。但他赚的钱并不用来吃喝玩乐，而是作为下一个事业的本金，再去赚得成倍的收益。

他 10 岁的时候看过一本书，名叫《一千个赚一千美元的方法》。这本书对巴菲特最大的影响就是复利思维。书里举了一个"收费体重器"的例子，购买一台体重器，放在公共区域，民众每称一次体重就要收钱。假设每次收费 2 美分，一天有 50 个人去称体重，就可以赚得 1 美元，就是这样简单。在当时，体重器数量稀少，并且价格昂贵。

在巴菲特的传记《滚雪球》里，他这么说："如果我有体重器，我一天可能会想要称个 50 次吧！大家一定会付钱来称体重！买一台体重器，赚到钱再买一台，很快就有 20 台了。"

"赚到钱，再买一台！继续赚钱。"这句话，请你多念几遍。

我们投资赚到的收益，不是要把它花掉，而是要让钱继续生钱。只是将赚来的钱再投资，利润就可以成倍增长，这就叫复利。简而言之，就是一直赚钱，不要停。爱因斯坦曾说过："复利是人类发现的第八大奇迹，威力超过原子弹。"如果以 10% 这一偏保守的收益率计算，1 万元经过 60 年复利后，最终将达到 304 万元。当把收益率仅提高到 11%，最终收益是多少呢？340 万元？370 万元？不，是 524 万元！

巴菲特在 20 岁的时候，资产仅有 2 万美元。传说 20 岁的巴菲特曾经立誓："在 30 岁之前，我会成为百万富翁。"

假设你有 10 万元本金，每年 20% 的收益率，60 年后将达到多少呢？答案是 3.8 亿元。但是，如果你随随便便花掉了，可是达不到滚雪球的效果的！

时间的杠杆

复利的作用，除了要用钱的杠杆，没有时间的帮助也是不行的。这既是时间的杠杆，也是时间的馈赠。

巴菲特是价值投资的代表。所谓价值投资，就是估算出每一笔投资标的的真正价值。比如说买股票，那就挑选好的、能不断赚钱的公司，然后在它的股票价格被低估的时候买入并持有。虽然说短时间内市场相当不可靠，价格有涨有跌，但长期来看，时间会告诉你答案，价格终会向价值回归，坏的企业会被淘汰掉，好的企业能给股东带来高额利润。

巴菲特 11 岁的时候，买入了第一只股票。那一年，他靠着各种打工存下来的钱已经有 120 美元。1941 年的 120 美元，差不多相当于现在的 3 万元人民币。他最初选的股票是一家名为 CITIES SERVICES 的公司，当时的股价是38.25 美元，他和姐姐分别买了 3 股，总共投资了 114.75 美元，差不多是全部身家了。

但是，他们买进股票之后还没到两个月，市场就陷入低迷，这家公司的股票跌到了 27 美元。姐姐一直数落他：都是你找我去买股票，亏大了吧！巴菲特耐住性子，总算等到了市场回温，当股价涨到 40 美元的时候卖出了，获利了 5 美元。

在巴菲特卖掉股票之后，这只股票持续上涨，最后竟然涨到 202 美元 1 股，可是他在 40 美元的时候已经全卖掉了。这其实是投资中常有的事，一般人可能会懊悔得捶胸顿足。但是巴菲特不一样，他总结了经验教训，并用到了以后的投资中，那就是：不要因为股价下跌，就急忙抛售；也不要为了获得蝇头小利，就急于卖出。

在那之后，巴菲特买进的股票都很少卖掉。他很早就买了从小喜欢的可口可乐公司的股票，并且持有到今天。当然，这一行为也让巴菲特获得了高额的分红。他把获得的利润不断用于再投资，在时间的帮助下，他的财富就像滚雪球一样一直增加下去。

除此之外，时间上的杠杆，还体现在巴菲特从来不做低价值的事情。

巴菲特曾经在理发店做过生意。做什么生意呢？不是给人理发，而是低价买进坏掉的弹珠台，稍微修理一下，放在理发店里。在理发店客人无聊等待的时候，可以玩弹珠，他就能从中赚到钱。

这个弹珠台是需要人管理、维护的，但他并不是自己去管理，而是雇用理发店的小哥去管理。

再举个例子。巴菲特 15 岁的时候，拿出 1200 美元买了一个农场。他不是自己种田再拿农作物去卖，也不是等土地升值再转卖他人，而是把农场租给农户，和他们签约，对分收成的利润。

看过《穷爸爸富爸爸》的同学可能知道，这世上的所有人都可以分在四个象限里：

收入完全依赖薪水的人，处于"雇员象限"的 E 象限。

能够脱离打工境界，利用专业技能为自己工作的人，处于"自由工作者象限"的 S 象限。

这两种人都无法达到财富自由，占总人口数的 95%。

接下来是"企业家象限"的 B 象限。处在这个象限的人，已经拥有一个即便自己不过多参与和工作，也能自由运转和赢利的企业，这才能算是财富自由。

最后一个象限就是"投资者象限"的 I 象限，即完全通过资本的投资来盈利，实现完全的财富自由。

总结来说，钱是杠杆，时间也是杠杆。当你拥有第一桶金，你又有一定的投资知识时，钱是在帮你挣钱。你的时间很宝贵，每个人每天也就 24 小时，还要吃饭睡觉、享受生活，怎么办呢？那不妨学一学巴菲特，雇用别人帮你做事，购买别人的时间。

说到这里，我已经带出了第三个杠杆——人的杠杆。

人的杠杆

你越是把低价值的事情外包出去，你越是富有。道理很简单，你花钱买来的是时间，然后你可以用这些时间去赚更多的钱。

我自己开公司，很多事我一个人是做不完的，于是我会请员工。但对于我的员工，很多事情我也不鼓励他们"往死里做"。为什么呢？原因很简单，你的时间永远有限，你的精力也有限。

方向的杠杆

钱的杠杆、时间的杠杆和人的杠杆，这三项比较好理解，但世界上还有一个我们最容易忽略的——方向的杠杆。也就是说，你要知道在什么事情上用力。

比如说，钱是你的杠杆，但是如果你参加的是一个庞氏骗局，那钱就变成了负杠杆，也就是方向错了。

之前我一直用"股神"巴菲特举例，这里终于轮到马云出场了。

马云的事迹很多人都知道。他大学毕业之后去应聘工作，觉得警察不错，就跟 4 个同学一起去面试警察的工作，结果其他 4 个人都被录取了，他落选了。然后他去肯德基应聘服务生，一共 24 个人参加面试，23 个人都被录取了，他又落选了。经过再三努力，他终于在学院找了一份教书的工作。后来，他创办了全国最大的电子商务网站——阿里巴巴。

在我看来，马云最重要的是用对了方向的杠杆。

互联网还没进入中国时，马云虽不懂技术，但也感受到了互联网的神奇。他到处跟别人说，但很少有人相信。1995 年 4 月，马云和妻子、朋友凑了 2 万元，创办了"中国黄页"，专门给企业做网站。其后不到 3 年时间，网站赚到了 500 万元。

这就是选对了方向带来的成就，淘宝、微博、微信的红利都是如此。能看得到时机、看得到方向，并且把握得住，是一种很强的能力。

四个杠杆我们已经了解完毕了，那怎么做到善用杠杆呢？

学习、思考，加上强有力的执行。这一点很简单，也很难！

孔圣人言：学而不思则罔，思而不学则殆。你会看这本书，并且阅读到这里，足以说明你是个爱学习、爱思考的人。但这还不够，我还要特别讲一下执行力。

你可能会说："执行力谁不知道重要，这不又是一句正确的废话吗？"

你也许知道其正确，但不知道其重要性。在投资和其他任何事上，执行力都是至关重要的。不管是巴菲特还是马云，只要碰到觉得想试试看的事，都会积极地去钻研，不断挑战新事物。

学习游泳最有效的途径，不是从书上看正确的游泳姿势，而是下水去游。几乎没有人因为学习了理论知识就变成了游泳健将，大部分人都是带着理论知识下到水里，突然发现理论不管用了，自己呛水了，沉下去了，手脚不协调了，然后慢慢发现问题，更正错误，最后学会了游泳。

学习投资和理财也是一样的。不少人在真正进行投资之前，看了不少书，听了不少所谓投资高手的言论，但这些书和视频上的正确游姿一样，纯属理论。但糟糕的是，很多人因此就认为自己已经懂了很多，成了一位投资高手，然后把很大一笔钱投向自己认为正确的投资标的，其结果不言而喻。

投资其实是一门实践性很强的学科，仅仅依靠理论知识是不够的。那么，该如何正确进行投资呢？

首先，投资是感性与理性的结合。

你买的某个基金，今年回报率大幅低于同类型基金，你是否还会坚持持有？你购买的上市公司，盈利状况一直非常好，但突然爆发了管理层贪污的丑闻，引发股价大跌，你是否能冷静分析，不受恐慌情绪的影响？

这些跟个人情绪相关的东西，绝不是你看几本书就能体会到的。不早点实践，怎么能意识到自己的问题所在呢？

其次，每个人适合的投资方式是不同的。

巴菲特有一个说法，叫作"能力圈"。每个人的能力范围是不同的，因此，每个人适合的投资方式也是不同的。

我认识一个长辈，她在10年前开始购买房产。她的投资理念非常简单而有效，只买自己小区附近的房子。因为她熟悉周边的环境，也熟悉周边的房价水平和房型，所以很多人卖房的时候，会直接来找她，而不是找房产中介。由于对投资对象非常熟悉和了解，一套房子是否有利可图，她看过之后就心里有数。

这还不算，由于她已经在附近买了几套房产，装修和维护都有熟悉的工程队，价格也相对便宜。同时，面对租客，她也可以给出几种选择。因此，她的客户都是熟人介绍熟人，房子空置率也比别人低很多。这位长辈也曾经投资过黄金、股票，甚至大豆期货。毫无例外，因为不了解投资对象，超出了她自己的能力圈，都是以亏损告终，她最后还是回到了自己熟悉的房产投资领域。

所以，早点进行实践，早点发现自己的能力圈，是很重要的。

最后，投资要有一定的防护措施。

刚开始学游泳的人，不要去深水区。学习投资也是一样，要有一定的防护措施。要明白在实践的早期，主要是积累经验。因此不要投入太多的资金，从比较简单的投资对象开始，多实践，多学习。即便是有些亏损，也不要过度恐惧，谁学游泳还没呛过几口水啊？

你能看到这里，至少领先 80% 的人了。我曾经说过一个"二八定律"，投资训练营也好，理财课程也好，看到的人很多，但只有 20% 的人会去买；20% 的人中又有一部分人买了也不去听、不去学，还有一部分人听到中途就放弃了，只有少数人能听到最后。但是如果你只是看完了本书，而不做任何改变的话，那相比前面的人，也仅仅是五十步笑百步。

很多人问我："如何才能财富自由？"他们认为答案是学习，但仅仅学习是不够的。

正确的答案是：学习 + 执行力。学习让你有方向，执行力让你朝着正确的方向前进。

榜样的力量可以是无穷的，也可以是无用的，全看你会不会行动。可以从记账开始，可以从开一个股票账户开始，也可以从往余额宝里存入第一笔钱开始，这都是改变。

在我看来，世上没有所谓的奇迹，财富都是自己挣来的。通过正确的学习和努力，会带来一个小奇迹；若干个小奇迹累计下来，就会成为一个大奇迹。如果财富自由是一个大奇迹，那么你前面的每一步投资理财行动，都是为了创造这个大奇迹所铺的路。

罗马不是一天建成的，我们也不是一天就能实现财富自由的，希望看完本书的你，当下就开始实践，迈出你财富自由的第一步。

总结 & 行动

这一章我们讲了四种让你人生加速的杠杆：钱的杠杆、时间的杠杆、人的杠杆和方向的杠杆。你有没有找到适合自己的杠杆？

本章的行动计划是：

1. 从四种杠杆中，找到一种你认为当前可以最快运用的杠杆，想一想，你打算如何运用它呢？

2. 写出一种你曾经用错的杠杆，并且分析一下，为什么会用错？

我有 500 元的购书基金，该买什么书？

看完一整本书，不知道你有怎样的收获，是不是已经开始投资了呢？

有的小伙伴会问："水湄姐，学习理财投资是一个长期的过程，你有没有比较推荐的经典投资书籍呢？最好照着读就能领会投资大师的精髓。"

当然有！而且这种想法非常好！

要知道，人的一生只有约 70 万个小时。即便一个人再勤奋，亲身经历的事物最多只别人多一两倍。但如果你习得某位高手的精髓，就等于多活了一倍的人生；如果你广泛阅读，从书籍中汲取了大量高手的人生智慧，就能拥有数十倍于别人的智慧。并且，这种行为成本极其低廉，利润率却特别高！

比方说，价值投资的圣经《聪明的投资者》，作者格雷厄姆将 50 多年的投资心血，汇聚成一本薄薄的书。要知道，这可是位精通投资、文学、数学和哲学的天才一生的智慧。他历经过一战、二战、美国大萧条及其崛起，见证了汽车业的发达、航空业的发展、计算机业的兴起，做投资交易量高达百亿美元。书里信息量之巨大、逻辑之缜密、方法之有效，令人惊叹！而我们现在只需要花一小部分时间和金钱，就能将这枚精密而昂贵的知识芯片，镶嵌在自己的大脑里。

所以，本书的最后我将给大家罗列一份个人在理财投资领域的学习书单。如果你有 500 元的买书基金，可以选择从这里面的书开始阅读，给自己建立一个完整的理财知识体系。

我将简单点评各书的特点，供大家参考。

入门书单

如果你认为自己是一个理财"小白"，可以从理财启蒙类图书开始阅读。

第一本是《小狗钱钱》。

我认为这是全世界最好的理财启蒙书。它原本是写给小朋友看的，所以就算你再没有基础，也一定看得懂。

《小狗钱钱》让你知道，理财是件非常简单的事情。无论你是想增加收入、储蓄，还是投资，都有简单可循的办法。它的最大作用是让你充满信心。

第二本是《富爸爸穷爸爸》。

这是一本大名鼎鼎的书，也是许多人理财的起点。它的主要内容可以用一句话来概括：先储蓄，把储蓄用于投资，然后用投资赚来的钱消费。更重要的一点，是它提出了"负债"这个概念。富人买入资产，穷人买入负债。如果想要致富，只要不断买入资产就行了。这个概念和思维可以让很多花钱如流水的人，重新审视自己的消费习惯。

第三本是《财务自由之路》。

这本书是《小狗钱钱》的作者写的另外一本书，可以理解为《小狗钱钱》的升级版。它把我刚提过的前面两本书里你没看懂的、有疑惑的内容全都解释清楚了。我的建议是，只要你觉得自己能看懂上面两本，就一定要看看这本书。

第四本是《钱的外遇》。

这本书是香港的理财达人周显所著，作者经历过各种大风大浪。书里虽然有很多内容不适合内地情况，但它有个最大的优点是看完之后你能避开 99% 的投资陷阱。

此外，此书写得通俗易懂，妙趣横生，非常好看。这里需要说明一下，作者在书中非常看不起基金投资和投资型保险。

对此，我本人的体会是：通过策略来投资指数基金，比花时间研究上市公司年报要方便多了、成本也低多了。

至于投资型保险，也就是储蓄型、返还型保险，我之前有讲过，买保险最好买消费型产品。投资型保险有些不伦不类，在保障上不如消费型保险，在收益上甚至还不如银行定期产品。从这个角度讲，我们算是"英雄所见略同"！

第五本是《邻家的百万富翁》。

其实这本书不一定必看，但假如你自己或者你身边人喜欢乱花钱去追求所谓的"上流生活"，这本书就是很好的"打脸之作"。作者采访了大量的美国富豪，发现他们大部分都生活简朴，那些炫富的只是其中的少数。所以看完这本书，你会发现存在于你想象中的，通通都是假"富翁"。

进阶书单

除了以上五本入门书籍，这里还有一份进阶书单。

《聪明的投资者》，五星首推。

这本书我看过五六遍，每一次都有新的体会。这本书是巴菲特的老师格雷厄姆的心血之作，包含了格雷厄姆价值投资的精髓。还有个小插曲，水湄新婚旅行去了尼泊尔，把这本书落在尼泊尔的长途车上了，回来后心痛不已，马上又买了一本，反复研读。

《巴菲特致股东的信：股份公司教程》，推荐指数五星。

这本书其实才是巴菲特投资思想的精髓，当中很多的段落都值得我们反复思考。

《安全边际》，推荐指数五星。

这本书是塞斯·卡拉曼所出的唯一一本书。第一次看这本书的时候，你可能会觉得很平淡。但是以后每一次重看，你都有更深刻的体会。在 eBay 上，这本书的签名版已经被炒到了 1000 美元。

《你能成为股市天才》，推荐指数五星。

这本书的作者乔尔·格林布拉特把公司分析的精髓都写入了书中。乔尔是很愿意和大家分享自己投资心得的人，这点也感染了我，鼓励我多与大家分享自己的投资技巧。

《伟大的博弈》，推荐指数四星半。

不知道有多少人和我一样，开始学习投资或者学习价值投资的首本书就是这本。该书讲述了以华尔街为代表的美国资本市场的发展历史，内容通俗易懂，值得一读。

《价值投资者文摘》，推荐指数四星半。

这套文摘一共有厚厚的 50 本，我家书架的两层都被放满了。当中的文章大多数翻译自美国的《杰出投资者文摘》，都是些很好的文章。有些文章乍一看和投资没有任何的关系，但是对扩大眼界非常有益，眼界也是投资的一大要素。

《股票投资大智慧》，推荐指数四星半。

这本书从严格意义上讲并不是一本投资书，但是它却胜过大部分投资书。它讲述的是芒格的栅格思维方式，可以帮助我们思考投资问题和锻炼相关能力。

《怎样选择成长股》，推荐指数四星。

这是另一位大师费雪的名作，也是他出的唯一一本书。这本书最大的特色就是定性分析，非常值得一看。

《约翰·聂夫谈投资》，推荐指数四星。

这本书恐怕没多少人听过，就像约翰·聂夫没多少人知道一样。约翰·聂夫是著名的温莎基金的基金经理，他执掌温莎基金 31 年，22 次跑赢市场，投资增长 55 倍，年平均收益率超过市场平均收益率达 3% 以上。他开创的低市盈率投资方法，是价值投资法的一种表现形式。

《邓普顿教你逆向投资》，推荐指数四星。

这本书由美国著名的长寿投资者邓普顿所著，读起来生动有趣，又能给我们不少感悟。邓普顿爵士在做价值投资的时候，"价值投资"这个词恐怕还没出现过，但这不妨碍他做投资。他的名言是："买入的最好时机是在街头溅血的时候。"

《股市稳赚》，推荐指数四星。

这本书是乔尔·格林布拉特所著的投资教材，但整本书更像一本故事书。因为乔尔想让他的儿子和女儿都能看懂这本书，所以整本书通俗易懂。书里介绍了乔尔分析公司赢利的思路，这也是搭建价值投资体系很重要的一环。

《赌金者：长期资本管理公司的陨落》，推荐指数四星。

这是一本值得反复玩味的书，讲的是美国金融史上很著名的大型对冲基金如何破灭的故事。

《股市真规则》，推荐指数四星。

这本书最强的地方就是把几乎所有的行业都点评了一遍，包括每个行业需要注意的要点。看完这本书，你会觉得自己似乎每个行业都懂了一点，但是到真正开始投资的时候，却又不太懂了。

《巴菲特的护城河》，推荐指数四星。

这本书由晨星公司投资部主任帕特·多尔西所著，书中详细分析了各种护城河的成因和判断方法以及如何量化的相关问题。书中谈到的"护城河"，是分析公司值不值得投资很重要的一点。

《穷查理宝典》，推荐指数四星。

这本书是查理·芒格的书，整本书更像一本人生智慧合集。由于翻译的原因，读起来有些许晦涩，但每每读完都能给人无穷的启发。

最后四星推荐一部小说《魔球》。

这本书也有电影版，叫《点球成金》，由布拉德·皮特主演，不过电影没有书精彩。整本书讲述的是棒球界从定性分析到定量分析的过程，值得我们思考。

投资的世界就像夜空，金融学、会计学、微观经济学、宏观经济学、管理学、心理学无所不包。我们要做的就是不断地收藏这些星星，点亮整片夜空。正如芒格所说，我这辈子遇到的聪明人没有不是每天阅读的——没有，一个都没有。读完整个书单，你有可能还是无法成为投资高手；但至少，你会收获一个有趣的灵魂。

重点点评

《富爸爸穷爸爸》

对于这本书，你一定不会陌生，就算你没看过内容，也一定听说过它。这本书让无数人有了"财富自由"的概念，也看到了投资致富的希望。其实，全书概括下来主要内容有三点：富人思维、资产和负债以及被动收入。

首先，什么是富人思维？

假想一下，你中了 1000 万元奖金，你会做什么？要消费，这是人的本能，但这也是典型的穷人思维。

那么具有富人思维的人是怎么考虑的呢？穷人思维永远想着花钱，富人思维想的却是赚更多的钱。

其次，什么是资产？什么是负债？

答案很简单，能给你生钱的就是资产，而让你花钱的就是负债。

举个典型的例子，房子。很多人认为，房子就是资产。但其实，房子只有在出租、买卖的时候，才是资产。你花 300 万元买了套房子，然后花十几万元装修，一家人住进去，每月还要交物业费、水电费等各种管理费，并且你也不打算把它卖掉。那么这套房子对你来说，是负债，而不是资产。

为什么呢？因为它没有给你带来收入，而是不断地让你花钱。

更典型的例子是车子。买了车之后，保险、加油、维护，这些都是不菲的开销。而二手车的价格通常不到原车的 1/2，甚至是 1/3。

车能给你带来钱吗？不能。这就是典型的负债。

最后，什么是被动收入？

很简单，就是不工作也能拿到的收入。你每天上班打卡，是为了什么？还不是为了工资吗？不工作，就没有钱。

所谓的财富自由，其基本的定义就是：你的被动收入超过你的实际开支。这样的话，你的财富就能带给你自由，包括人身的自由和消费的自由。

这也是为什么《富爸爸穷爸爸》的作者把"好好学习—努力工作—买房还贷—继续努力工作"，这个人们普遍认为理所应当的生活方式，称之为"老鼠赛跑"。在他看来，我们每天为生计奔波，拿了工资之后想的就是买东西，然后欠下更多的钱，只能更加卖力地工作，就这样终其一生。这种情形，和不停蹬轮子的老鼠没什么两样。

如何从"老鼠赛跑"的怪圈里跳出来呢？

很简单，多买资产，少买负债，拥有富人思维，以钱生钱。这就是变成富人的不二法门，也是实现财富自由的关键所在。

好了，以上就是《富爸爸穷爸爸》这本经典理财书的基本内容。

《财务自由之路》

在《富爸爸穷爸爸》这本书里我们讲过"财富自由"这个概念，就是你的被动收入可以覆盖你的实际开支。这也是《财务自由之路》这本书的主题。

这本书的作者还写了另一本知名的畅销书，叫《小狗钱钱》。作者本人就有非常奇特的经历：他 26 岁破产，一无所有，生活窘迫狼狈。但之后只花了 4 年的时间，就完成了完美的逆袭，不但彻底脱离了逆境，还创造了巨大的财富，实现了财务自由，过上了自己真正想要的生活。

因为他经历过这样一个从无到有的过程，所以他的这本书更接地气。

那么，如何才能获得财务自由呢？

你需要明白自己真正想要的是什么。我建议你为自己建立一个梦想相册：把自己希望得到的生活，以图片的形式收入这个相册中。你需要把自己的目标和希望具象化，越是具象，越是能转化成行动力。

在明确具体目标之后，你要对这个目标负起责任。所谓的责任，意味着你在实现这个目标的过程中，不要去碰运气、找借口。贫穷是你自己的责任，不要把这个责任推卸给自己的亲人、朋友或者社会。

那么，具体要怎么做呢？

第一，了解债务、储蓄、复利这些投资的基础概念。

普通人产生的债务，大多是消费型债务。消费型债务是一种愚蠢的债务，没有任何优点。它的产生往往是因为超前的消费观，例如购买了太多我们想要的、而不是需要的东西。这种行为周而复始，我们的生活和大脑都陷入了糟糕的境地。不正确的消费观所带来的到底是痛苦还是快乐呢？我们一定要进行区分，最大限度地避免债务的产生，这样才能让你有更大的信心迈上财务自由之路。

第二，重在储蓄。

储蓄，简单地说就是存钱。财富的产生，在于你对金钱的留存。很多人都会觉得自己现在赚得太少了，存不下什么钱。但其实减少 10% 的支出做强制储蓄，对你的生活质量不会产生太大的影响。储蓄就是我们要养的鹅，只有把这只鹅养大了，它才会下出金蛋来让你获得收益。有了足够的储蓄资本之后，你就能体验复利的奇迹了。

决定复利的三个重要因素分别是：时间、利润率和投入。如果你希望在复利中获得收益，一定要耐心、谨慎地对待每一笔投资，并且一定要保证留住你的赢利。

第三，做资产规划。

不管你处在哪个阶段，都需要对自己的资产进行规划，这样才能在财务自由的道路上走得安全、踏实。

你可以把资产按三个层次进行安排：财务保障、财务安全和财务自由。这三个层次是递进的，如同马斯洛需求理论那样。财务保障可以满足你的温饱需求，财务安全可以满足你的安全需求，只有当这两个都满足了，你才能奔向最高境界，实现财务自由。

总结 & 行动

好了，恭喜你！读到这里，本书内容你已经全部学完了。你是不是已经开始理财之路了？

希望你能通过本书，获得物质和精神的双重富足！

本书最后一个行动计划是：

从我推荐的书单里面，挑选一本你最喜欢的，开始阅读吧！

图书在版编目（CIP）数据

独立，从财富开始：水湄物语的理财 20 课／水湄物语著 . —杭州：浙江大学出版社，2019.3（2020.8 重印）

ISBN 978-7-308-18732-9

Ⅰ.①独…　Ⅱ.①水…　Ⅲ.①财务管理－通俗读物　Ⅳ.①TS976.15-49

中国版本图书馆 CIP 数据核字 (2018) 第 257042 号

独立，从财富开始：水湄物语的理财 20 课

水湄物语　著

责任编辑	曲静	
责任校对	汪淑芳	
出版发行	浙江大学出版社	
	（杭州市天目山路 148 号　邮政编码 310007）	
	（网址：http://www.zjupress.com）	
排　　版	杭州中大图文设计有限公司	
印　　刷	杭州钱江彩色印务有限公司	
开　　本	710mm×1000mm　1/16	
印　　张	14.5	
字　　数	205 千	
版 印 次	2019 年 3 月第 1 版　2020 年 8 月第 2 次印刷	
书　　号	ISBN 978-7-308-18732-9	
定　　价	45.00 元	